ACRO
POLIS
衛城
出版

ACRO
POLIS
衛城
出版

Ernest Seton Thompson

Wild · Animals · I · Have · Known

西頓動物記

厄尼斯特・湯普森・西頓——作
莊安祺——譯

NATURALIST · TO · THE · GOVERNMENT · OF · MANITOBA · · AUTHOR · OF ·
BIRDS · OF · MANITOBA ·
MAMMALS · OF · MANITOBA ·
ART · ANATOMY · OF · ANIMALS ·

To Jim

◆目錄◆

【導讀】

我們是動物教養長大的
——關於《西頓動物記》與動物小說

吳明益（國立東華大學華文系教授）

世界上有許多小孩，都是動物教養長大的。一些生活在野地的原住民族本就深受動物啟蒙，許多城市裡的孩子也從寓言裡的動物世界去認識世界。我們從狼（或羊）的身上學會強勢者的行為以及如何面對強勢者；從驢子的形象裡學到「神聖的不學無術，神聖的癡呆與虔誠」（布魯諾〔Giordano Bruno〕，《諾亞方舟》〔*The Ark of Noah*〕）；從兔子的身上學到「天真也是一種狡猾」；從牛的身上學到「沉默者總是受到不公平的對待」……當然，這同時也隱含著人類對動物的刻板印象。

寓言是藉簡潔敘事來影射人生、道德教育的一種文體，動物寓言往往將動物高度擬人化，雖然建立起一個「萬物有靈」的迷人世界，卻也讓動物失去自我形象。在那些故事裡，動物具有「人性」，因而會做一些牠們「根本不會做的事」或「做不到的事」。雖然一部分是當時自然科學知識有所不足所導致，更重要的是自尊自大的人類，總不免過度將自身的感情、道德觀投射到自然世界裡，造成「感情誤植的謬誤」（pathetic fallacy）。畢竟，動物世界裡不需要道德，不同物種社群的運作模式也和人類社會大不相同。

隨著知識革命以及實證主義精神的興起，寫作者更加用心觀察生物的習性才寫入故事的描寫中。在自然散文裡，懷特牧師（Gilbert White）的《賽恩伯理的自然史》（*The Natural History of Selborne*, 1795）可能是最早這麼做的。而在小說這種虛構文類裡，得等到吉卜齡（Rudyard Kipling）的《叢林奇譚》（*The Jungle Book*, 1894-1895）系列，或羅伯茨（Sir Charles Roberts）、西頓（Ernest Thompson Seton）的作品才出現新的形式*——寫作者敘事時會融入生物觀察、知識與情感，並且相信動物亦有人類可資學習的神祕靈性。只是隨著時間過去，研究者將動物行為的真實意義一項一項解謎後，作品裡「感情誤植」或「觀察解讀」的謬誤，也就逐步浮現。

*

當還是孩子的時候，這些謬誤從來沒有影響過我享受寓言故事。而當我研究自然書寫時，也非常感動於動物小說帶給我的神思以及情感享受。比方說鮑德沃斯（Fred Bodsworth）的《最後的麻鷸》（*Last of the Curlews*），或是西頓的《我所認識的那些動物》（*Wild Animals I Have Known*，現譯為《西頓動物記》）。

《西頓動物記》寫下了包括狼王羅伯、烏鴉銀斑、棉尾兔破耳，獵狗賓果、春田的狐狸、野馬溜蹄、黃狗巫利和松雞紅領圍的故事。它的第一個特色就是，這些動物都有個人類為牠們取的名字。這些名字有些來自牠們的外觀，有些因為牠們的行為，而有些則是牠們在族群中的地位。

回到一百二十年前，「動物行為學」（ethology）還沒有建立，出生在英格蘭東北部的西頓，全家移居多倫多後，因躲避父親的暴力，而住進郊區森林裡繪製和研究動物。二十三歲時，他帶著三塊美金及動物繪畫能力與知識，來到紐約闖蕩，逐漸成為一個具有繪畫、說故事能力，並不斷累積驚人野地閱歷的年輕作家。他描寫動物故事的作品大受歡迎，三十歲時結集成這本《西頓動物記》。

因為西頓的人生經歷與科學興趣，這部作品不像過往的動物寓言故事，完全不顧動物生理的特徵與限制，他的作品有相當程度（以當時來看甚至可以說是厚實）的「現場觀察」做根據。

像是描述兔子破耳時，破耳向母兔學的第一件事就是遇到危險「放低身體，千萬別出聲」。第二課則是「不要動」。寫到獵犬賓果時，他說附近的郊狼和狗都會在一根界樁上留下氣味訊息，當雪一降，獵人會看到牠們留下的信號系統涵蓋整片田野，發現界樁原來只是牠們龐大信號體系的一部分，郊狼和狗以此知道敵人與友伴的近況與作息。此外，松雞為了保護幼雛與巢所做出的擬傷行為，也描繪得微妙微肖。

當然也有誇飾，或者充滿「鄉野傳奇式」的段落。比方說在「烏鴉銀斑」的故事裡提到一些傳說中的動物：斷尾狼酷爾騰在十四世紀初肆虐了全巴黎大約十年之久，新墨西哥的野狼羅伯每天殺一頭牛，連續五年；還有斯尼的黑豹，不到兩年就殺了近三百個人……時移既往，我們當然都知道那是不可能的事。不過正如我所說，這些敘事更接近「鄉野傳奇」一些，多數科學家都還可以容忍。真正引起爭議的還是西頓（以及其他動物小說作家）明明具有科學知識的背景，卻仍寫下不合常理的動物描述。

比方說他寫一般烏鴉能從「一數到六」，但是銀斑聰明到可以數到「三十」；而野薔薇因為遭到各種動物蹂躪，因而只對不傷害它的棉尾兔友好，和牠們結下特別的友誼，當兔子遇險時，會用上百萬尖銳的毒刺保護牠們。聰明的狐狸，甚至懂得利用火車來殺死追蹤牠的獵狗……

這樣的寫作手法，因而引起了一些科學家的反對，他們認為這類作品太強調對動物的同情，賦予了動物超乎常理的個性，擅自將動物的語言「翻譯」為人類的語言。博物學家，同時也是自然寫作者的巴勒斯（John Burroughs）在一九〇三年，於聲譽極高的《大西洋月刊》（*Atlantic Monthly*）上發表了一篇名為〈真實與偽造的自然史〉（Real and Sham Natural History）的文章，點名攻擊包括西頓、羅伯茨、赫伯特（William Davenport

Hulbert）、威廉．隆（William J. Long）的作品，引發了「自然騙徒之爭」（nature fakers controversy）。巴勒斯的措詞強烈，產生巨大的周邊效應，論爭延續了數年之久。

這個論爭事實上是從十九世紀末美國國家公園的設置爭議時就開始的，荒野保護論者和強調自然資源與休閒管理的論述者間的衝突愈來愈大，部分科學家指責像是謬爾（John Muir）等人的論述太強調自然的美學與感性，掩蓋了科學事實。

巴勒斯的名言是：「一個文學博物學家的責任是記錄他從自然世界接受的獨特感知」（a literary naturalist with a duty to record his own unique perceptions of the natural world），**但並沒有被特許遠離事實**。他抨擊西頓等人的作品，原因是它們模糊了真實與虛構的界線，卻又那麼受歡迎，必然會危害到市民對自然的理解。不過，隨著論爭日漸擴散，也有讀者認為這些作家虛構的部分立意良善，野獸和鳥類會原諒這樣親切的扭曲。日後，巴勒斯也說西頓愛自然的方式和他並不相同，不過，毫無疑問那也是真誠的。

*

讓我矛盾的正是我的閱讀經驗。縱使我知道西頓的寫作混合或混淆了這兩種筆法的界線，還是不由得深深被他吸引。當我讀到西頓筆下的小狐狸從母親那裡學到了荒野的邏輯時，就能讓我自己變身為小狐狸，背誦著那些親切又有用的叮嚀：「絕不要睡在你直走的路上。鼻子生在眼睛前面，因此你要先相信它。傻瓜才順風跑。小溪的流水能解決許多問題。如果能有掩蔽，就絕不要暴露自己。如果能走曲折的路徑，就絕不要走直線。如果感覺奇怪，就一定有問題。塵土和水會抹掉氣味。絕不要在兔子草叢裡獵老鼠，或是在雞場裡獵兔子……。」

此時再讀新譯的《西頓動物記》，我已不是那個對動物學一竅不通，只被圖畫裡的人格化動物所吸引的年輕人了。然而，看著西頓那些精細、具戲劇性的手繪時，更讓我驚訝的是，西頓的文字讓人「與動物同感」的魅力竟然還在。

我仍不自禁地嚮往野馬溜蹄的自由野性，仍為狼王羅伯的逝去哀傷，為春田的母狐狸

「殘酷」的「母愛」感動，甚至有時讀到故事的最後，看著自己的右手怔忡了好一陣子，彷彿自己就是那個不得已揮舞柴刀的父親，彷彿自己是剝奪狼王羅伯所愛的獵人。西頓的故事，真的會讓人混淆了動物科學與感性感受，從而變成一個「自然騙徒」的信仰者嗎？

我所尊敬的加拿大作家瑪格麗特・愛特伍（Margret Atwood）曾在《生存：加拿大文學主題導論》（*Survival: A Thematic Guide to Canadian Literature*）這本書裡討論不同文化脈絡下的動物文學，她表示，英國的動物文學都在隱喻社會關係，美國則偏向人類如何獵殺動物，加拿大作家所寫的則是「動物如何被獵殺」，這也是西頓故事裡的常見主題。她認為這些作品，是少見的以動物的角度表現牠們遭遇的故事，動物無論如何靈巧、聰穎，最終仍逃不過被殺的悲劇。這恐怕是受到加拿大原住民文化的影響——印第安人與因紐特人相信萬物皆能溝通，動物不但是人類的生活依靠，也是人類精神的依靠，人殺動物往往是為了求生。從這個觀點來看，西頓故事裡的「情感謬誤」並不荒謬。時至今日，我們仍然可以在臺灣原住民的作品裡讀到類似的觀點，強調它的素樸價值，甚至與此刻的科學見解並不違和——這並不是說它符合科學認知，而是說，它並不妨礙你在科學知識與文學想像之間的「雙重接受」。

我也相信我所喜愛的科學家都能理解這一點。寫出《寂靜的春天》（*Silent Spring*）的瑞秋・卡森（Rachel L. Carson）曾說自己童年時很著迷於動物小說，而動物行為學的開宗大師勞倫茲（Konrad Z. Lorenz）在《灰雁的四季》（*Das Jahr der Graugans*）裡，也常將自己的情感和他所觀察的生物共振，他的作品，因而都有一種小說的氣味。他提到一隻名為「阿多」的雄雁，在失去伴侶後失魂落魄，竟從群體裡啄序很前面的領袖，短時間內淪落為「底層動物」（Omega-male），常常偷偷跟在勞倫茲身後。勞倫茲說：你看不到一隻灰雁的靈魂，因為牠無法用言語表達，所以你以為牠沒有。同樣的，你也看不到一個人類孩子的靈魂，他也說不出來，**你卻假設他有**。勞倫茲帶著對動物這樣的情感，觀察了生物的「銘刻」（imprinting），也寫出了那些迷倒小孩與大人的動物行為學經典。我在想，或許連擬人的「動物寓言」也沒有失去它的魅力與意義，不然我們就不會讓孩子（甚至我們自己）去看《動物方城市》，或愛上《鱷魚愛上長頸鹿》這般的繪本了。在臺灣，自然寫作者劉克襄所寫的動物文學，也依然打動許多人，且並沒妨害這些人在成長後追求科學精神的欲求。或許，從科學到文學，這幾種不同訴求、不同層面的書寫自然，是互相支援，而不是互相牴觸。真正的「自然騙徒」，應該是那些偽造情感的劣作生產者，或是出賣自然環境的科學家。

西頓的作品帶著永恆的，人類想與動物共感、溝通的情緒，但他總不忘拉自己回來一點點，因此，他的筆下雖然偶爾帶著感情謬誤，卻同時也有深沉智慧，此刻仍可以用環境倫理的某些哲學解讀、自省。他說對北方印第安人來說，狗是友伴，「愛我，就要愛我的狗。」他為一隻瀕死的松雞發言：「難道野生動物沒有精神或法律的權利？人類憑什麼對同是生靈的動物做這麼長久而可怕的蹂躪，只因這生物不用他的語言說話？」而他相信自然的力量是一種亙古不變的秩序，面對死亡並不帶著偽善的哀慟：「沒有野生動物是壽終正寢，他的生命遲早都會以悲劇告終，問題只在於他可以和敵人對抗多久。」

我們閱讀西頓時，將重新感受到，動物曾參與了我們成長的教養過程。而我希望人類一代又一代，都仍將受動物的教養、啟發，並擁有做為一種生物，與生命搏鬥時所展現的光華——雖然微弱，卻如斯久遠、古老。

【注釋】

＊ 按照一般的說法，加拿大文學家羅伯茨在他的《野性的親緣》（*The Kindred of the Wild*）自序中，首次使用了「動物小說」（the animal story）這個詞。

致讀者

這些故事都是真的。雖然在許多地方，我並沒有嚴格依照史實記錄，但本書的動物全都是真實的角色，他們的生命一如我所描繪，展現出比我筆墨所能形容更濃烈的英雄特質和個性。

我認為一般常見含糊的處理做法，已經使得自然史失真。對人類習慣和風俗長達十頁的概述，能帶來什麼樣的滿足？如果把這樣的篇幅用來刻劃某位偉人的人生，會帶來多大的好處？這就是我運用在我的動物身上的原則。這個個體真正的個性，以及他對生命的看法才是我的主題，而不是透過人類漫不經心而敵視的眼光，來勾勒整個族類的生活方式。

這話聽來可能和我組合某些角色的做法並不一致，但那是因為記錄片段的本質而不得不然，不過羅伯、賓果和野馬的故事幾乎都沒有改寫。

羅伯由一八八九至一八九四年在科倫坡地區過著他浪漫的野生生活，當地的牧場工人都很清楚，而他的死也正如文中所述，在一八九四年的一月三十一日。

賓果生卒年為一八八二至一八八八年，他是我的狗，雖然期間因我數次赴紐約逗留而中斷，但我曼尼托巴的朋友一定都記得。而我的老友，老黃的主人，也會由本書中明白他的狗究竟是怎麼死的。

野馬在一八九〇年代初，住的地方離羅伯不遠，這個故事我一五一十如實照錄，除了他死亡的方式有點爭議。有人證言道，他的脖子是在被送去的第一個畜欄撞斷的，此事無法找到老火雞腳印查證、解決。

巫利在某個程度上可說是兩隻狗的綜合體；這兩隻狗都是混種，有牧羊犬的血統，也被當成牧羊犬飼養。巫利故事的前半段是如實照述，後來只知道他成了奸詐、野蠻的綿羊殺手。故事的後半段其實是屬於另一隻類似的黃狗，長久以來他都過著雙面生活——白天是忠實的牧羊犬，晚上則成了惡毒的嗜血怪獸。這樣的事比想像中常見，而自我寫這個故事以來，已經聽說了另一隻雙面牧羊犬的事蹟，他夜間的娛樂還包括殺死附近小狗這種教人髮指的行為。等到他的主人發現時，他已經殺死二十隻狗，還把他們的屍體都藏在沙坑裡。他死亡的方式也和巫利一樣。

紅領圍確實住在多倫多北邊的當谷，我的許多同伴應該都記得他。他在一八八九年於糖塔丘和法蘭克堡間，被一個我姑隱其名的傢伙所殺害，因為我要揭露的是全體人類，而非個人的行為。

銀斑、破耳和薇克森都有真正的角色可考，只是我在他們身上融入了不只一隻同族動物的冒險，他們傳記中的每個事蹟都是真實的。

這些故事是真實的，也因此所有的故事都是悲劇，野生動物的生活**永遠都是悲劇收場**。

這樣的歷史選集自然傳達了一個共同的想法——如果按照上個世紀的說法就是道德教訓，不同的心靈自然能由其中找到合其品味的不同寓意，但我希望有人能由此找到如同聖經般古老的訓寓——我們和野生動物是骨肉之親。人所有的一切，動物沒有絲毫一點是沒有的，而動物有的一切，人在某個程度上也必然共享。

那麼，既然動物是有欲望有感情，只有在程度上與我們有差異的生物，他們當然也有他們的權利。如今西方世界已經開始認識的這個事實，最先是由摩西所彰顯，佛門子弟早在兩千多年前即已重視。

本書是由內人葛瑞絲・蓋樂廷・湯普森・西頓所製作，書中插圖雖是我自己動手，不過她負責封面、書名頁和整體構成。文字修訂和看印的辛勞也要歸功於她。

厄尼斯特・湯普森・西頓

一八九八年八月十四日
於紐約市十四大道

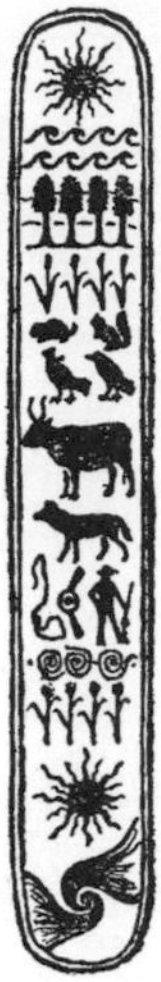

Lobo
The King of Currumpaw

羅伯
科倫坡之王

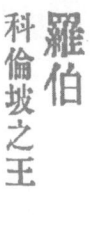

C

羅伯 科倫坡之王

I

科倫坡是新墨西哥北部一片遼闊的牧場，牧草豐盛，牛馬成群。這塊連綿起伏的臺地和珍貴的流水最後匯聚到科倫坡河，整個地區因此而得名。一匹大灰狼在這裡占地為王，威震八方。

老羅伯，墨西哥人稱他為狼王，他體型碩大，率領一群灰狼。這群狼不同一般，肆虐科倫坡河谷多年。所有的牧羊人和牧場工人都認得這隻狼王，只要他帶著那群忠心耿耿的部下出現，牛群就不寒而慄，牧場主人則憤怒和絕望交加。老羅伯是狼中巨人，身強體壯，計謀多端。夜裡他的嗥叫人盡皆知，很容易分辨。一般的狼對著牧人的營地叫了大半夜，恐怕也沒人理會，但只要這隻老狼王深沉的吼聲傳下峽谷，守望的人就得趕緊提高戒備，準備第二天一早看到牲畜慘遭殺戮的景象。

老羅伯的狼群規模很小，這教我一直不明白，因為通常如果有狼能登上他那樣的地位，擁有他那樣的力量，一定會招來許多追隨者。或許他所帶領的狼隻數量已經符合他的理想，也或許他凶殘的脾性阻止了其他的狼跟隨。可以確定的是，在羅伯統治的後期，只有五匹狼跟隨，不過其中每一隻都名聞遐邇，體型都比一般狼還大，尤其排行第二的那隻，是名副其實的巨狼，但就連他在體型和膽識上，都遠不及他們的領袖。除了這兩匹首領之外，還有幾隻也大名鼎鼎，其中一隻是美麗的白狼，墨西哥人叫她白蘭卡，應該是母狼，可能是羅伯的伴侶。另一隻是動作敏捷的黃狼，據說他曾幾次為狼群逮到羚羊。

由此可見，牛仔和牧羊人對這群狼瞭若指掌，常常有人看到他們，更常聽到他們的聲響，他們的生活和牧人息息相關，只恨不能把他們去之而後快。在科倫坡，沒有一個牧人不想拿許多頭牛的價錢來交換羅伯手下任何一隻狼的頭皮，但他們卻好像有符咒護身似的，過得平平安安，不論什麼手段，都拿他們沒辦法。他們瞧不起所有的獵人，嘲笑所有的毒藥，至少有五年的時光，一直都由科倫坡的牧農身上搜刮他們的貢品，許多人說他們危害之烈，到了每天一頭牛的地步。照這種算法，這群狼總共殺戮了兩千多頭最肥美的牲畜，因為無人不知他們每一次出擊都是精挑細選。

從前的觀念總認為狼隨時都處於饑餓狀態，因此不論什麼都吃，但在這裡卻和事實完全不符，因為這群土匪總是毛色光亮，身強體壯，他們對食物再挑剔不過。任何動物只要是自然老死，或是生病腐壞，他們一律不碰，就連牧人宰殺的牲畜，他們也不吃。他們精選的日常食物，是現殺一歲左右小母牛的軟嫩部位。對老公牛或老母牛則不屑一顧，儘管他們有時也會劫走小牛犢或小馬，但很明顯的，小牛肉和馬肉並非他們的最愛。大家也知道他們並不愛吃羊肉，但卻常以殺羊為戲。一八九三年十一月的一個晚上，白蘭卡和黃狼屠殺了兩百五十頭羊，顯然以此作樂，而且一口羊肉都沒吃。

我還可以舉出許多類似的故事，說明這群為非作歹的狼如何蹂躪牲口，這裡所舉的不過是幾個例子而已。每年都會有人嘗試消滅他們的新裝備，但不論他們的敵人使出什麼招數，他們依舊活了下來，而且更加健壯。有人懸重賞捕捉羅伯，因此也布置了十來種形式巧妙的毒藥，但他總能發現而避免。他只怕一種東西——那就是槍，他很清楚這個地區所有的男人都會帶槍，因此從沒聽說他會攻擊或直接面對人類。沒錯，他的狼群有條鐵律，凡是白天，不論任何時候，只要一有人跡，不論距離多遠，他們都一定逃躲閃避。羅伯只准屬下吃他們自己宰殺的獵物，這個習慣無數次拯救了他們的性命，再加上他靈敏的嗅覺，可以覺察人手或毒藥本身的氣味，讓他們得保平安。

有一回，有個牛仔聽到老羅伯那再熟悉不過的嗥叫，他躡手躡腳走近一看，發現科倫坡的這群狼在一塊窪地包圍了一小群牛。羅伯坐在一旁的小丘上，白蘭卡和其他的狼則忙著「包抄」一頭他們看中的小母牛；可是牛群緊緊地站在一起，頭朝外，整排牛角對著敵人，除了幾頭母牛因為狼群發動一波新攻勢，因恐懼而想退縮到牛群中心外，沒

羅伯對狼群示範如何殺牛。

有其他破綻可尋。狼群利用這些縫隙，傷了他們選中的目標，但要這頭母牛倒下還早得很。羅伯眼看著這個情況，終於耐不住性子，由小丘上站起身來，發出低沉的吼叫，朝牛群疾衝而去。牛群受了驚嚇，隊伍出現破綻，於是羅伯縱身朝他們躍來，牛群就像炸彈開花一樣四散奔逃，被相中的目標也跟著狂奔，只是還沒跑出二十五碼，羅伯就已落在她身上，緊咬著她的頸部，突然使出全力往後拉，讓她重重地摔在地上。小母牛必然驚恐萬分，因為她摔了個頭下腳上。羅伯也翻了個筋斗，但他馬上爬起身來，他的屬下則一擁而上，瞬間結束了這頭可憐母牛的性命。羅伯並沒有參與殺戮，他把母牛扳倒在地上後，彷彿在說：「好了，你們怎麼就沒一個能這麼乾脆，平白浪費這麼多時間？」

牛仔此時邊喊邊驅馬上前，狼群如常撤退了。這人手上有一瓶劇毒的番木鱉鹼，他

很快地在小母牛屍體的三個部位下了毒，然後走開，心知他們一定會回來大快朵頤，因為這頭動物是他們親自殺死的。但第二天早上，他去檢視預期的收穫，卻發現這些狼雖然吃了小母牛，卻很小心地咬下所有遭下毒的部位並扔到了一旁。

牧人對這頭巨狼的畏懼一年高過一年，每年捉拿他的懸賞也愈來愈高，最後達到一千元，這對狼來說是史無前例的巨額賞金；當然，許多人被捉拿的獎金都比這隻狼少。有個名叫唐納瑞的德州騎警受獎金吸引，騎著快馬來到科倫坡峽谷，他帶著絕佳的獵狼裝備，最好的槍枝和馬匹，還有一群體型龐大的獵狼犬。在德州最北部有「鍋柄」之稱的狹長地帶，他帶著狗殺死過許多匹狼，現在他也胸有成竹，幾天之內，老羅伯的頭皮就會掛在他的馬鞍上。

一個夏日清晨，不過灰濛濛的黎明，他們就勇猛地出發了，不久大狗就歡天喜地叫嚷，意思是他們已經找到了獵物的蹤跡。才不到兩哩，科倫坡這群灰狼的身影就映入眼簾，雙方開始迅速激烈的追逐。獵狼犬的任務只是牽制住狼，等獵人策馬上前射擊，這在德州遼闊的平原通常輕而易舉；但在這裡，另一種地貌發揮了作用，也證明羅伯多麼會挑選地盤；因為科倫坡嶙峋的峽谷及其分支，由四面八方橫切大草原，狼王立刻朝最近的峽谷而去，一過了峽谷，就擺脫了騎馬的獵人。他的屬下也散開，追蹤的狗群隨之四散，等狼群在遠處集合時，狗當然沒有全部現身，這回狼的數量不再比狗少，因此他們反過來攻擊追逐他們的狗，他們不是死亡，就是身受重傷。當晚唐納瑞召集他的狗時，回來的只有六隻，其中兩隻被咬得遍體鱗傷。這名獵人又試了兩次，想剝狼王的頭皮，但都和第一次一樣失敗，而且最後一次他最好的一匹馬因摔倒而死亡；他痛心疾首，放棄追獵，回到德州去，讓暴君羅伯在這塊地盤的名聲比以往更加響亮。

次年，又來了另外兩個獵人，一心一意要領到懸賞，他倆都自認為可以殺死這隻惡名昭彰的狼。其中一個要用新發明的毒藥，並且要以嶄新的方式來施放；另一個是法裔加拿大人，要用毒藥加上符咒，因為他堅信羅伯是如假包換的「狼人」，絕非平常手段就可以殺死。然而精心混合的毒藥、字符和咒語對這隻毛色灰白的煞星卻沒有任何用處，

唐納瑞帶著獵犬疾奔上峽谷。

他還是像以往一樣週週四處巡視，天天吃大餐，沒過幾週，卡隆和拉羅許就死了心，到別的地方去打獵了。

喬·卡隆獵捕羅伯失敗之後，在一八九三年春又遭羅伯一番羞辱，證明這隻巨狼根本沒把他的敵人放在眼裡，而且對自己信心十足。卡隆的農場在科倫坡河的小支流，位於風景如畫的峽谷，就在這峽谷的岩石間，離屋子不到一千碼之處，老羅伯和伴侶在那裡做了窩，生兒育女。他們在那裡度過整個夏天，宰了喬的牛羊和狗，卻又嘲笑他所有的毒藥和陷阱，他們安全地棲身在懸崖洞穴的凹處，喬絞盡腦汁想用煙把他們燻出來，或者用炸藥炸他們，但他們卻毫髮無傷地逃了，並且像往常一樣繼續劫掠。「去年整個夏天他就住在那裡，」喬指著懸崖正面說，「但我卻一籌莫展，被他當成傻瓜。」

II

這段由眾牛仔口中蒐集來的歷史，我本來覺得難以置信，直到一八九三年秋天，我才結識這詭計多端的強盜，而且到頭來對他的瞭解比任何人都更透徹。幾年前，我的狗賓果還在的時候，我曾是獵狼的獵人，但後來我換了工作，此後就被束縛在辦公桌上。我亟需換個環境，因此當有個在科倫坡開牧場的朋友請我去新墨西哥，看看能不能想辦法對付這群打家劫舍的流氓時，我便接受了邀請，而且因為急切地想認識他們的首領，所以盡快趕到那個地區的臺地上。我花了一點時間四處馳騁，熟悉環境，我的嚮導不時指著還附著皮毛的牛骨架說：「那就是他幹的好事。」

我很清楚地看出，在這崎嶇不平的曠野，用獵狗和馬匹去追逐羅伯根本就是白費心機，唯有下毒或設陷阱才是正途。眼前我們沒有夠大的陷阱，因此我就由毒藥下手。

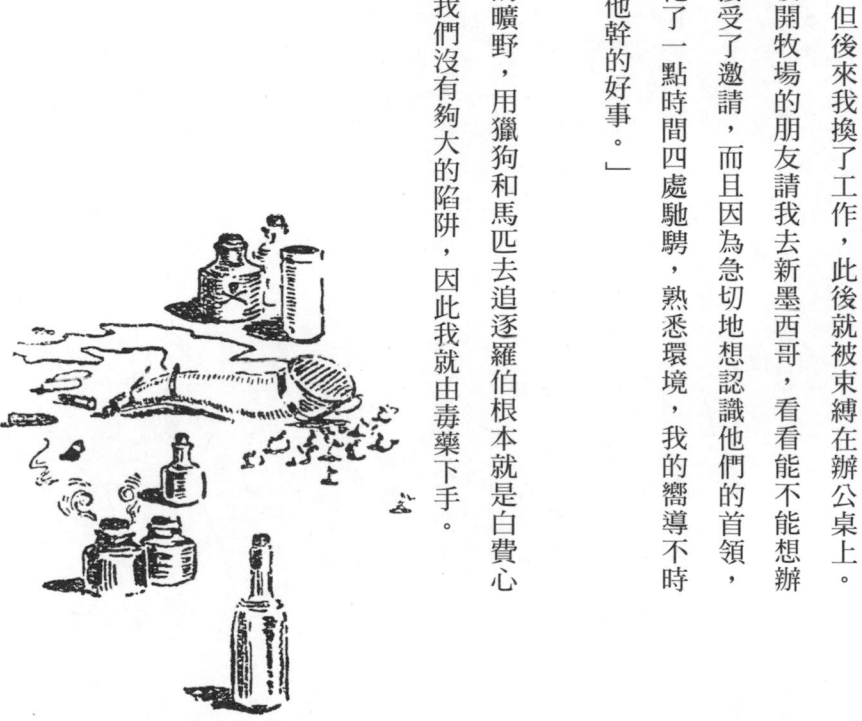

在此我就不贅述我為了捉拿這「狼人」而用了上百種裝備的細節了；番木鱉鹼、砒霜、氰化物或氰酸，沒有哪一種組合我沒試過；也沒有哪一種肉類，沒被我拿來當餌；但是一個又一個早上，當我騎馬前去檢查成果時，卻發現所有的努力全都枉然。狼王老謀深算，我不是對手。舉個例子就可說明他有多精明。我按著一位設陷阱捕獸老手的提示，把乳酪和現殺小母牛腰子上的脂肪混合，裝在瓷盤上燉熟，再用骨頭做的刀把它切開，以免沾上金屬的氣味。等到混合物放涼後，我把它切塊，在每一塊的側邊挖個孔，塞進大量的番木鱉鹼和氰化物，這些毒藥都包在膠囊裡以防氣味外洩；最後再用乳酪把孔封好。整個過程裡，我都戴著浸過小母牛鮮血的手套，甚至還避免對著誘餌呼吸。等大功告成，我把它們放進塗滿鮮血的生皮袋子，用繩子綁著牛肝和牛腰，騎馬拖著繞行十哩，每隔四分之一哩就放一塊誘餌，而且總是小心翼翼，絕不用我的手碰觸這些誘餌。

通常羅伯每週的前幾天都會來到這一帶，而後幾天則應該是在格蘭山腳下。這天是週一，就在那個晚上，我們正準備離開時，我聽到了狼王陛下低沉的低音嗥叫，一個助手一聽到就說：「他來了，我們等著瞧吧。」

次日一早我就趕去，急著想知道結果。我很快地看到這群強盜的新腳印，羅伯領頭——他的足跡一向很容易分辨。一般的狼前腳是四吋半長，體型大的是四又四分之三吋，可是羅伯的，量了多次，由爪至腳跟都是五吋半；後來我發現這和他身體其他部分的比例很相符，因為他站起來肩高三呎，重一百五十磅。因此他的足跡即使被部下踩得模糊，也不難追蹤。這群狼很快就發現我拖曳誘餌的蹤跡，也如平常一樣追蹤下去，我可以看出羅伯來到第一個誘餌前，嗅了一番，最後把它啣了起來。

我大喜過望。「終於逮到他了，」我喊道；「我一定可以在一哩之內就看到他僵硬的屍體。」於是我策馬疾馳，全神貫注緊盯塵土中那寬大的足跡。它領著我來到第二個餌，而那個餌也不見了。我不禁雀躍——這回我一定是逮著他了，說不定還連帶他幾個屬下。可是那大爪印依舊覆蓋著我拖餌的痕跡；而儘管我站上馬鐙，放眼四望，卻看不到任何像死狼的形體。於是我繼續追蹤——第三個餌也不見了，狼王的足跡繼續朝第四個餌而去，到了那裡我才明白，他根本沒有真的把餌吃下肚，只是用嘴啣著它們，把前三個餌堆在第四個上方，然後在上面撒了泡尿，表達他對我的苦心設計無限鄙夷。接著他不再理睬我留下的誘餌拖痕，帶著他悉心守護的狼群揚長而去。

這只是諸多類似經驗的一例，讓我明白毒藥永遠都沒辦法殺死這個強盜，雖然我在等待陷阱送來的這段期間照舊使用毒餌，但那只是因為這是確保能誘殺郊狼和其他害獸的良方。

大約在此時，我注意到一個插曲，能說明羅伯如惡魔般的狡獪刁滑；這群狼至少有一次是純為娛樂而追逐獵物，那就是儘管他們幾乎不吃羊肉，卻驅趕並屠殺羊群。綿羊

通常分成數群，每群一千至三千頭，由一或數名牧羊人照顧。到了晚上，就把他們趕到現有最安全之處，牧羊人分睡羊群兩側，做為額外的保護。綿羊生性愚蠢，只要有絲毫動靜，就會讓他們驚慌失措、四處奔逃。他們有種根深柢固的天性，恐怕也是唯一嚴重的弱點，那就是他們會跟從首領。牧羊人就利用這一點，在綿羊群中放進半打山羊。綿羊明白他們的長鬍子兄弟智慧超群，因此夜裡只要有任何動靜，他們就會擠在山羊身邊，通常就能免於驚慌逃竄，很容易保護。但情況並非時時如此，去年十一月的一個深夜，兩名佩利科牧場的牧人被狼群的襲擊驚醒，他們的羊群擠在山羊身邊，而山羊既非傻瓜亦非懦夫，他們站穩腳步，勇敢對抗；只可惜率領這次攻擊的，並非等閒之輩，而是狼人老羅伯，他和牧羊人一樣清楚山羊是羊群的精神支柱，因此他急急踩過這些綿羊的背部，跳在這些領導者身上，不消片刻就把他們殺戮殆盡，讓不幸的羊隻朝四面八方逃竄。接下來數週幾乎每天都有焦急的牧人把我攔住，問我：「你最近有沒有看到走失的羊？」

而通常我也得告訴他們殘酷的事實；有一次我的回答是：「有，我在鑽石泉旁邊看到五、六具羊屍。」另一次的大意則是：我在梅爾派臺地上看到有一小「撮」羊在跑；或者還有一次：「我沒看到，但胡安·梅拉兩天前在西達山看到大約二十隻剛被殺死的羊。」

捕狼夾終於送到了，我帶著兩個人手整整忙了一週，才把它們布置妥貼。我們使出渾身解數，用盡我所能想到的一切方法，希望能保證成功。陷阱送來後的隔天，我騎馬四處查看，很快就發現羅伯由一個陷阱跑到另一個陷阱的足跡。我可以由塵土中讀出他前一天晚上的全部動靜。他在黑暗中快步小跑，雖然捕狼夾經過小心掩藏，他卻立即就發現了第一個圈套。他阻止狼群向前行進，小心翼翼地在陷阱四周抓抓扒扒，直到揭開

羅伯撥開陷阱。

夾子、鏈子和木板，然後把它們整個都暴露出來，彈簧依舊還沒有彈開。他一路上以同樣的方式處理了十幾個陷阱，不過我很快就注意到，只要他看到小徑上有可疑的跡象，就會停步轉向一旁，因此我立刻又生出一計。我把陷阱按照H字母的形式擺放：也就是說，我在小徑的兩側都設了一排陷阱，然後在小徑當中也放一個捕獸夾，做為H形橫槓上的機關。但要不了多久，我就知道計畫再度失敗。羅伯沿著小徑往前小跑，已經跑上左右兩條平行線的中央，才察覺到小徑當中的捕狼夾，但他卻及時停步了。他為什麼或怎麼發現的，我不得而知，守護野生動物的天使必然與他同在。他既未向右也沒朝左轉任何一吋，而是輕手輕腳徐徐按自己的足跡步步後退，每一步都不偏不倚落在原來的足跡上，直到脫離險境為止。接著他由一側轉身，用後腳撥開土塊和石頭，直到每個捕獸夾的彈簧都彈開。他後來也多次這麼做，不論我怎麼想方設法，倍加小心，他都從沒有被騙過。他明察秋毫，從不出錯。他原本可以繼續過著為非作歹的生活，只可惜擇友不慎，讓他一世英名毀於一旦，加入了一長串英雄豪傑的名單，他們單槍匹馬時所向無敵，卻因信任的盟友不慎失足，而栽了跟頭。

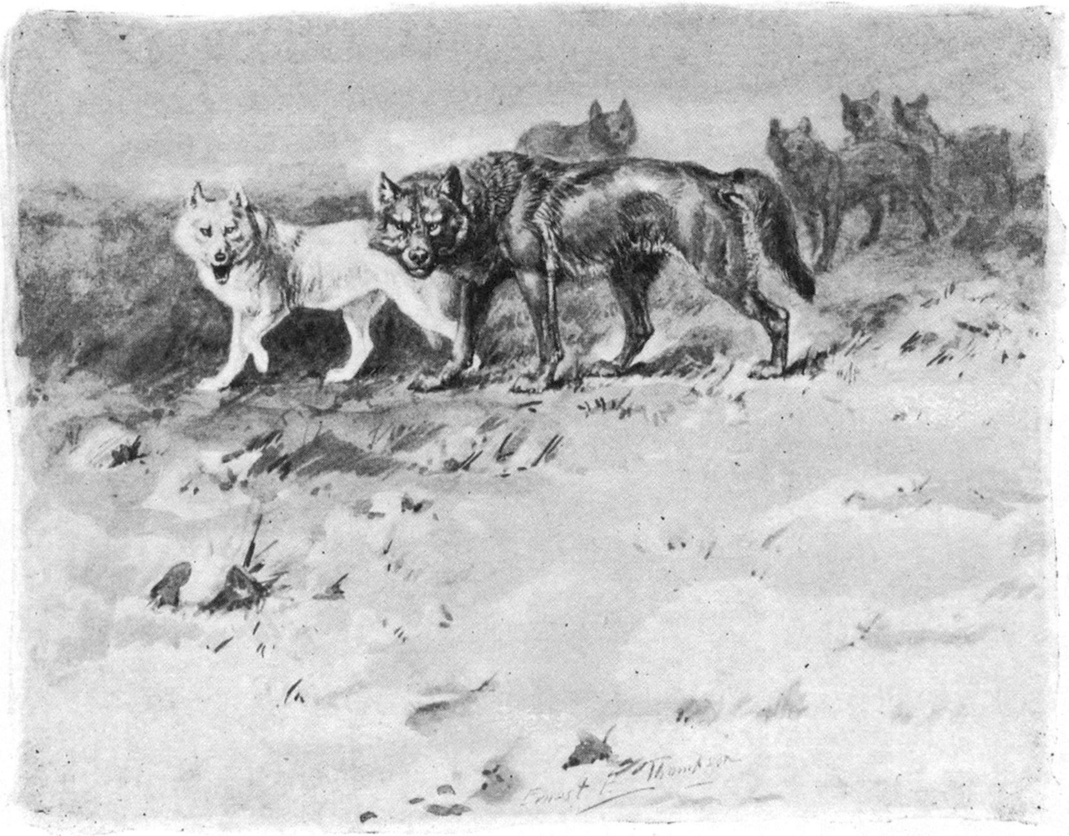

羅伯與白蘭卡。

III

有一兩次，我注意到科倫坡這群狼有些不對勁的地方。我覺得有些不尋常的跡象；比如有很明顯的足跡，顯示一隻體型較小的狼不時會跑在首領的前面，這點我一直不明白，直到一名牛仔在談到這件事時做了說明。

「我今天看到他們了，」他說：「那隻不聽話跑出狼群的是白蘭卡。」這時我才恍然大悟，「現在我知道白蘭卡是母狼了，因為如果這樣做的是公狼，羅伯一定會當場宰了他。」

這讓我又想出一個新招。我宰了一隻小母牛，在她的屍體四周放了一兩個非常明顯的陷阱，然後砍下被當成廢物的牛頭。我極力不引起狼的警覺，把牛頭放遠一點，在它周圍安置了六個強力鋼夾，去除它們的異味，小心翼翼地把它們藏妥。在過程中，我的雙手、靴子和工具全都塗滿鮮血，事後也在地上灑血，假裝這是由母牛頭部流出來的；等陷阱埋在土裡之後，我再用土狼皮把整塊地給刷了一遍，還用同一隻動物的腳在陷阱四周印了一堆足跡。牛頭的位置經過安排，和草叢有一段狹窄的通道，在這段通道上，我布置了兩個最強力的陷阱，把它們和牛頭綁在一起。

狼有個習慣，會接近他們所知的每一具動物殘骸，為的是檢視它們，即使他們並無意吃它亦然。我希望這個習慣能讓科倫坡這群狼來到我最新布置的地方。我相信羅伯會察覺我對這些牛肉的安排，阻止狼群接近它，但我指望的是牛頭，因為它看起來就像是沒用而被扔到一旁。

第二天早上，我動身前去檢視成果，噢，真教人開心！狼群的足跡在那裡出現，牛頭和它周遭的陷阱已杳無蹤跡。快速一瞄小徑上的跡象，可以看出羅伯阻止狼群靠近牛

肉，但有一隻，一頭體型小的狼，卻很明顯地去察看丟在一旁的牛頭，因而不偏不倚，一腳踏進了其中一個陷阱。

我們沿著小徑向前，不到一哩就發現了那隻倒楣的狼是白蘭卡。然而她看到我們卻快步跑開，儘管拖著重達五十磅的牛頭，她還是很快就拉開了和我徒步的夥伴之間的距離。不過等她來到岩石附近，我們已迎頭趕上，因為牛頭上的角被卡住，緊緊纏著她。她是我所見過最美麗的一匹狼，毛皮十全十美，而且幾乎全白。

她轉身迎戰，提高音量發出了狼族的召喚，她的長嗥在峽谷裡迴蕩，遠處臺地上傳來了深沉的回應，那是老羅伯的嗥叫。這是母狼最後的呼號，因為現在我們朝她節節逼近，她以全副精力和氣息展開搏鬥。

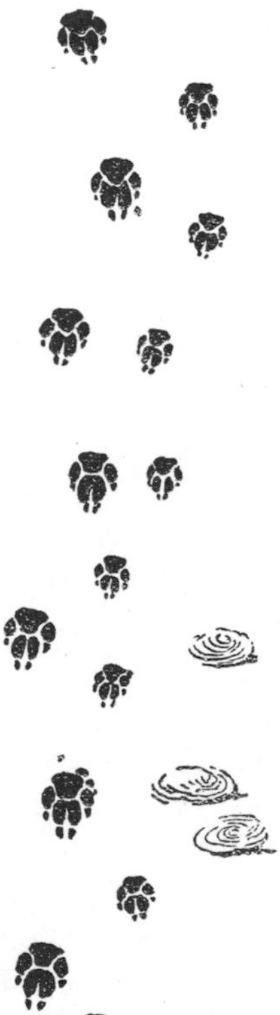

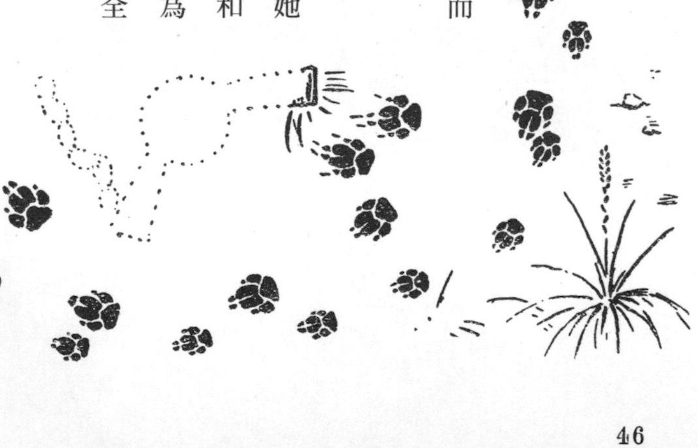

接下來是無可避免的悲劇，事後回想比當時更讓人畏懼退避。我們各自用套索套在這劫數難逃的狼的頸子上，驅馬朝相反的方向用力拉扯，直到她嘴裡噴出鮮血，她的眼睛呆滯無神，四肢僵直，接著力竭倒地。我們扛著死狼朝回家的方向騎去，歡欣鼓舞，這是我們頭一次對科倫坡這群狼做出致命打擊。

在悲劇上演的過程間，和之後騎馬回家的路上，我們聽到羅伯在遙遠的臺地上徘徊吼叫，似乎在尋覓白蘭卡。他從沒有真正遺棄她，但他知道自己救不了她，每當看到我們接近，他就無法承受對槍械深懷的恐懼。那一整天，我們都聽到他一邊搜尋徘徊，一邊悲號；這使我忍不住對助手說，「現在我的確可以確定白蘭卡是他的伴侶。」

夜幕降臨，他似乎朝我們所住的峽谷而來，因為他的聲音愈來愈近。他的聲音裡有明顯的哀傷，不再是那目中無人挑釁的吼叫，而是拉長的悲傷哀號；「白蘭卡！白蘭卡！」他彷彿在呼喚。等到黑暗籠罩下來，我發現他就在我們制伏白蘭卡的地點附近。最後他似乎發現了那條小徑，等他來到我們殺死白蘭卡的地點，他那心碎的哀鳴教人聽來不忍。那聲音比我所能想像的更加悲哀，就連鐵石心腸的牛仔都注意到了，說他們「從沒有聽過狼像那樣哭號」。他似乎很清楚究竟發生了什麼事，因為白蘭卡的血就灑在她死亡的地方。

接著羅伯跟著馬的足跡來到牧場，是為了希望能在這裡找到白蘭卡，還是前來尋仇，我不知道，不過他報了仇，因為他突襲了我們門外倒楣的看門狗，就在門外五十碼處把他撕成碎片。這回他顯然是獨自前來，因為次日早上我只看到一道足跡，而且他魯莽地四處奔跑，這對他來說非常不尋常。其實我多少有點預感，因此在草地上設下更多的陷阱。後來我也發現他的確落入了其中一個陷阱，只是他力量實在太大，終於讓自己抽身而出，把它丟在一邊。

我相信他會繼續在附近徘徊，至少直到找到白蘭卡的屍體為止，因此我集中心力，要在他還沒離開這個地區，而且還處於不顧危險的情緒之下，把他活活逮住。這時我才明白殺死白蘭卡是多麼愚蠢，因為如果用她當誘餌，說不定次日晚上我就可以逮住他了。

我把我能蒐羅的所有陷阱全都蒐集過來，共有一百三十多個鋼製的捕狼器，並把它們四個一組放在通往峽谷的每一條小徑上；每個陷阱都分別綁在一塊圓木上，每塊圓木則分別埋在地下。在掩埋時，我也細心地把我們挖土時掀起的草皮和每一粒土都除去，因此等一切都完成、草皮覆蓋回去後，光憑肉眼看不出人類施工的痕跡。等陷阱都埋好後，我把可憐的白蘭卡的屍體拖過每一處，在整個牧場繞來繞去。最後我取下她的一爪，在每個陷阱上都印了一行足跡。我使出渾身解數，用盡我所知的每一種預防措施和手段，直到深夜才去休息，等待結果。

夜裡我彷彿聽到老羅伯的聲音，但不能確定。次日，我騎馬四處查看，但還沒繞完北邊的峽谷，天就黑了，沒有什麼成果。晚餐時有個牛仔說，「今天早上北峽谷的牛群吵鬧了一陣，說不定是那裡的陷阱有了收穫。」一直到次日下午，我才到他說的地方，剛一走近，就看到一隻巨大的灰白色動物由地上起身，雖然想逃卻白費力氣，站在我面前的就是羅伯，被牢牢困在陷阱裡的科倫坡之王。可憐的老英雄，他一直不停地尋覓他心愛的伴侶，一發現她屍體留下的蹤跡就不顧一切地跟隨，結果落進了為他所設的陷阱裡。他臥在四個陷阱的鐵牢之下，束手無策，他周遭有無數足跡，顯示牛群曾聚攏過來，羞辱這落難的暴君，但他們卻不敢接近他所能及的範圍。他臥在這裡兩天兩夜，如今已掙扎得筋疲力竭。然而當我走近，他還是站起身來，豎起一身的鬃毛，提高音量，讓他

低沉的怒吼最後一次在峽谷中迴響，這是求救的呼聲，是集合部屬的吶喊。但沒有聲音回應，獨留他孤軍置身絕境，於是他使盡全力轉過身來，背水一戰朝我撲來，但一切都是白費力氣。每個陷阱都有三百多磅的拉力，而在它們無情的四層掌控下，再加上每一腳的大鋼牙，以及纏結在一起的沉重圓木和鏈條，他根本無計可施。他巨大的白獠牙多麼死命地啃咬這些殘酷的鎖鍊，我試著用來福槍的槍身碰觸他，他卻在上面印下齒痕，一直留到今天。他的眼睛因仇恨和憤怒而發出綠光，拚命要靠近我和我那匹顫抖的馬，作勢欲咬，下顎發出「喀噠」的空響。但他已因饑餓、掙扎和失血而疲憊不堪，很快就力竭倒地。

我心裡湧出一股宛如內疚的情緒，準備讓他承受這麼多動物在他手下曾經承受的結局。

「不可一世的亡命之徒，打家劫舍的江湖豪傑，再過片刻你就要化為死屍一具，別無選擇。」接著我擺動套索，送它呼嘯地飛上他的頭頂，然而沒有這麼快；要他屈服還早得很，靈活的繩圈還來不及落在他的頸子，他就一口咬住猛力一切，咬斷了繩圈硬而厚的股線，把它分成兩半，落在他的腳邊。

當然我有來福槍做為最後的法寶，但我不想破壞他華貴的狼皮，因此我策馬趕回營地，帶了一名牛仔和新的套索。我們先對我們的犧牲品扔了一根木棍，他用牙齒咬住，趁他還來不及鬆口，我們的套索就呼嘯一聲凌風而過，緊套在他的脖子上。

但在他銳利的眼光還未黯淡之前，我喊道：「且慢，先別殺他；我們把他帶回營地。」他現在已經完全無力，很容易就在他的嘴裡放進一根結實的木棍，撐在他的獠牙後方，再用粗繩綑住他的兩顎，這條繩索也綁在棍子上。棍子拉住繩子，繩子也拉住棍子，因此他無法傷人。他一發現自己的兩顎已經被綁住，就不反抗，也不出聲，只是沉著地看著我們，彷彿在說，「好了，你們終於逮到我了，任憑你們處置。」此後他對我們再也不理。

我們緊緊綁住他的腳，但他一聲也沒呻吟，既不咆哮，也不轉頭。接著我們合力才勉強把他放在我的馬上。他的呼吸均勻，彷彿睡著了一般，他的眼睛炯炯發光，眼神也恢復清澈明亮，只是並不看向我們。他看的是遠處一望無際的連綿臺地，那曾是他短暫的王國，他名聞遐邇的團隊已四散分離。他一直凝視到小馬步下小徑，走進峽谷，岩石隔絕了這幅景觀為止。

我們徐徐前進，安全抵達牧場，用項圈和粗鍊把他綁住，栓在草地的木樁上，才除去他身上的繩索。接著我頭一次仔細地檢視他，證明了關於現世英雄或暴君的八卦報導是多麼不可靠。他的脖子上並沒有黃金鬃毛，肩上也沒有代表他和撒旦為伍的倒十字，不過我的確在他的腰間看到一大塊傷疤，傳說是唐納瑞的獵狼犬首領朱諾的牙痕，就在他於峽谷沙地上奪走朱諾生命的那一刻前，她給他留下的印記。

我在他面前放了肉和水，但他理也不理。他平靜地趴在地上，黃眼睛堅定地越過我向下看去，望穿峽谷的入口，越過遼闊的平原——他的平原，我碰觸他的時候，他的肌肉動也不動。太陽下山後，他依舊全神貫注，凝望著大草原的那頭。我以為黑夜來臨時他會呼喚他的夥伴，因此做好了迎接他們的準備，但他在窮途末路時已經喚過，卻沒有一匹前來；他永遠不會再次呼喚。

有人說，剝奪了力量的獅子、失去了自由的老鷹，和喪偶的鴿子，全都會因心碎而死；誰能斷言這冷酷的土匪承受了三重的打擊，不會痛不欲生？我只知道次日破曉時分，他依舊平靜地趴在那裡，他的靈魂已經離去——老狼王死了。

我把鍊條由他的脖子上取下來，一名牛仔協助我把他扛到放著白蘭卡屍身的小屋，我們把羅伯放在她身旁，這牧人說：「好了，你可以到她身邊去了，現在你們再度團圓了。」

LOBO
REX
CURRUMPÆ

Silverspot
The Story of a Crow

烏鴉銀斑的故事

H

烏鴉銀斑的故事

I

有多少人真正認識一隻野生動物？我指的並不是只見過某隻動物一兩次，或是把他養在籠子裡，而是當他野生之時，真正長期認識他，對他的生活和故事有深刻的瞭解。問題在於，我們往往很難分辨某隻動物和他的同伴，這隻狐狸或烏鴉和那一隻太像了，這使得我們再度相遇時，沒法確定他就是同一隻。不過偶爾也會有一隻比同伴厲害或聰明的動物，就像我們所說的天才，成了偉大的領袖；而他的體型如果比一般大，或是有些可以分辨的記號，就會很快地在他的地盤上聲名遠播，讓我們明白野生動物的生活可能比許多人的人生更有聲有色。

屬於這類的動物包括斷尾狼酷爾騰，他在十四世紀初肆虐了全巴黎大約十年之久；還有瘸腳，在加州聖華金谷留下可怕紀錄的那頭跛腳灰熊；新墨西哥的狼王羅伯連續五年每天殺一頭牛；以及斯尼那頭黑豹，不到兩年就殺了近三百個人——另外還有銀斑，現在就讓我簡短地說說他的故事。

銀斑就是隻智慧的老烏鴉；他之所以得名，是因為在他頭上有個五分錢鎳幣大小的銀白色斑點，位於他的右側，在眼睛和喙之間。就是因為這個斑點，我才能由其他烏鴉中認出他來，點點滴滴拼湊出他的故事。

大家一定知道，烏鴉是最聰明的鳥——「像老烏鴉一樣精明」，這話可不是隨便說說。烏鴉懂得組織的價值，而且就像士兵一樣訓練有素——老實說，比有些士兵還要好得多，因為烏鴉時時都在執勤，永遠都在作戰，無時無刻不互相依賴，如此才能保住性命和安全。他們的首領不但是隊伍中年紀最大最精明的一隻，也最英勇強壯，因為他們必須隨時隨地都準備應付反抗、鎮壓叛變。至於一般的士兵，則由年輕或缺乏特殊才能的烏鴉擔任。

老銀斑是一大群烏鴉的首領，他們以加拿大多倫多附近的法蘭克堡為總部，那是市

銀斑

區東北邊緣的一片松林山坡。這群烏鴉約有兩百隻，不知什麼原因，他們的數量一直都沒有增加。在氣候比較溫和的冬天，他們沿著尼加拉河棲息；如果碰到嚴寒的冬天，他們就會更往南而去。但每年二月的最後一週，老銀斑就會召集部下，大膽地越過多倫多和尼加拉間寬達四十哩的遼闊水面；不過他並不是直線前進，而總是迂迴朝西，這樣才能讓熟悉的地標當達斯山一直保持在視線內，直到松林坡映入眼簾。每年他都率領部隊前來，在山坡上駐留大約六週。在這段期間，每天早上烏鴉都兵分三路覓食，一路朝東南到灰橋灣，另一路向北到當河，還有最大的一路則沿溪谷朝西北而去。最後這支隊伍由銀斑親自率領，其他兩隊由誰領導則不得而知。

只要是風和日麗的早上，他們就飛得又高又直，碰到風大的時候，大家則會低飛，沿著溪谷做為遮蔽。我的窗戶正好俯視溪谷，因此在一八八五年，我頭一次注意到這隻老烏鴉。那時我才

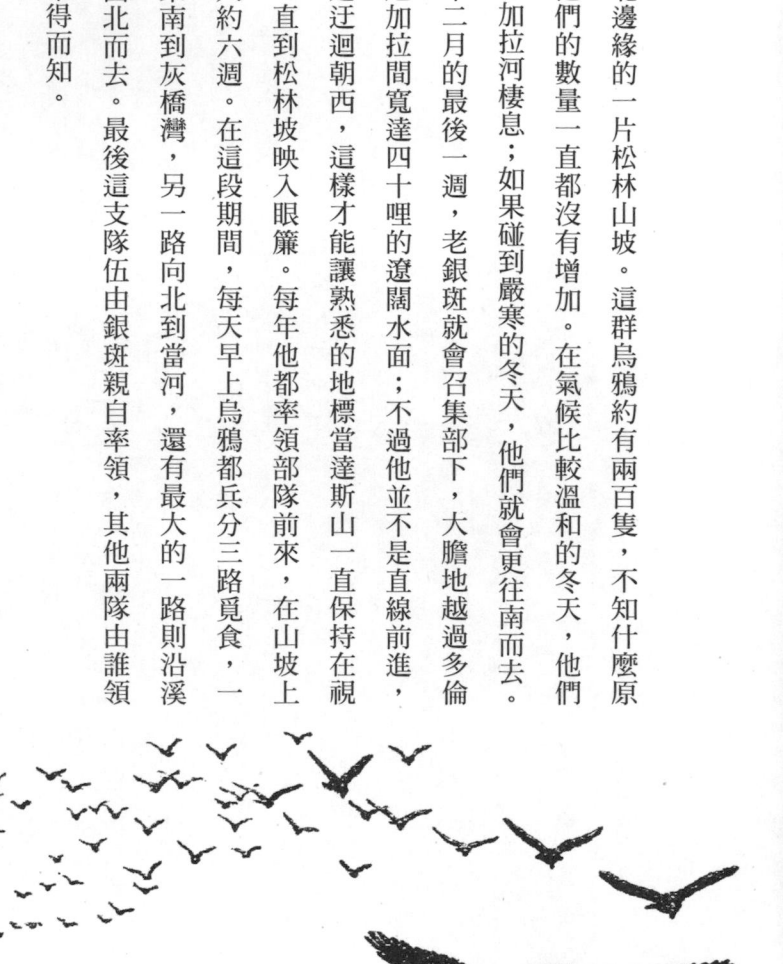

剛搬來不久，不過有位老住戶對我說，「那隻老烏鴉在這個溪谷來來去去已有二十多年了。」我可以由溪谷觀察烏鴉，而銀斑也固執地一定要按著老路走，儘管現在兩旁都是房子，還有橋梁橫跨中間，但他還是成了非常熟悉的老相識。整個三月還有部分四月，以及在夏末和秋天，一天兩次，他會穿梭來去，讓我有機會觀察他的舉動，聆聽他對部隊下的命令，就這麼一點一點地開展了我的見識，讓我看清一件事實：那就是烏鴉小歸小，卻絕頂聰明，在語言和社會制度上，有許多地方都非常像人，有時候表現得甚至比我們人類還要好。

一個起風的日子，我矗立在橫亙溪谷的橋上，這老烏鴉正率領他那綿延散漫的隊伍，向下飛來準備回家。我可以聽見半哩開外他那從容不迫的聲音，換成人話大概是，「一切平靜，向前行！」

No. 1.

他一邊喊，他的副官也在隊伍後方呼應。他們飛得很低以避開大風，經過我站立的橋時，必須飛高一點，才能順利通過。銀斑看到我站在那裡，睜大眼睛直盯著他瞧，他可不喜歡這樣。因此他停止向前，大聲喊道：「**大家小心**」，或是

No. 2.

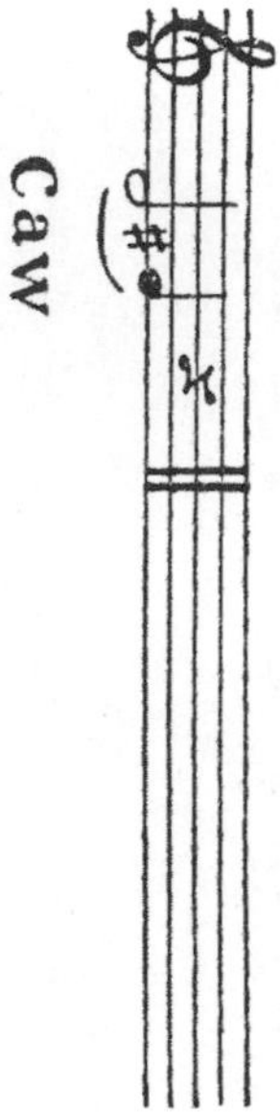

然後飛到比原來高得多的空中。但他看出我並沒有攜帶武器，因此飛到我頭上二十呎高的地方，他的部下也依樣葫蘆，等過了橋才又降回原來的高度，繼續飛行。

次日我又在同一地點，烏鴉接近時我舉起手杖指著他們，那老傢伙馬上喊道「**危險**」，

No. 3.

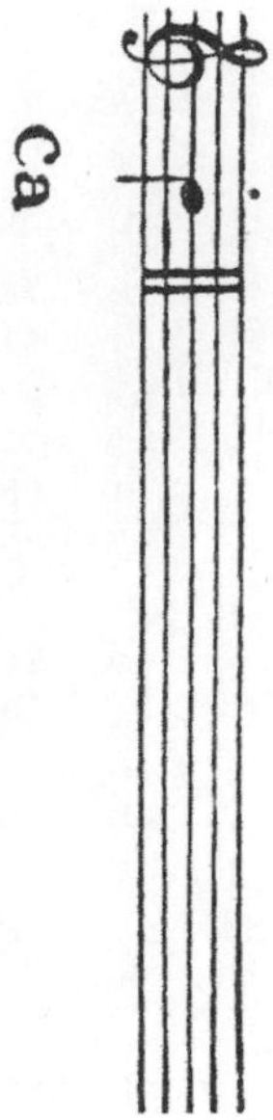

而且飛得比原來高上五十呎。後來他發現那不是槍，於是就冒險飛了過去。但第三天我帶了槍，他立刻大喊，「**非常危險——有槍**。」

No. 4

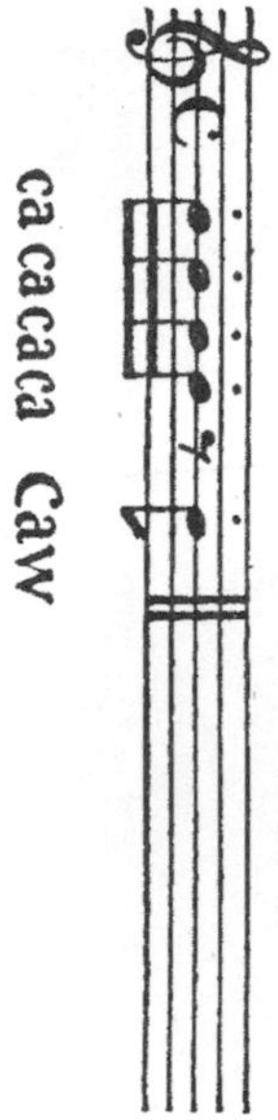

他的副官重複了這項警告，隊上的每隻烏鴉立刻四散高飛，直到遠超過槍的射程外並安全通過，等到我難以觸及的遠方才又降低飛行高度，靠溪谷的庇護前進。還有一次，迤邐的長隊沿溪谷而下，正巧一隻紅尾鵟棲息在他們去路前方的樹上，於是烏鴉首領大喊：「**鷹，鷹，**」

No. 5.

並停止飛行，他周遭的每隻鳥也都如法炮製，直到全部集結成堅實的隊伍，這時他們不

再害怕那隻鷹，因此繼續前進。可是再飛了四分之一哩，下方有人拿槍出現，於是又聽到叫喊，「危險——有槍，有槍；四散逃命，」

No. 6.

ca ca ca ca Caw

這叫喊立刻讓他們四面散開，而且高飛到難及之處。在我長久的觀察中，還學會他的其他許多命令，發現有時聲音中極微小的不同，在意義上就會有很大的差異。因此，儘管五號的叫喊意味著鷹或任何危險的大型鳥類，但如果代表危險的五號和代表撤退的四號叫聲結合在一起，就意味著「調轉方向」，

No. 7.

Caw Caw ca ca ca ca

如果再一次，則只是對遠方的夥伴說「你好」。

No. 8.

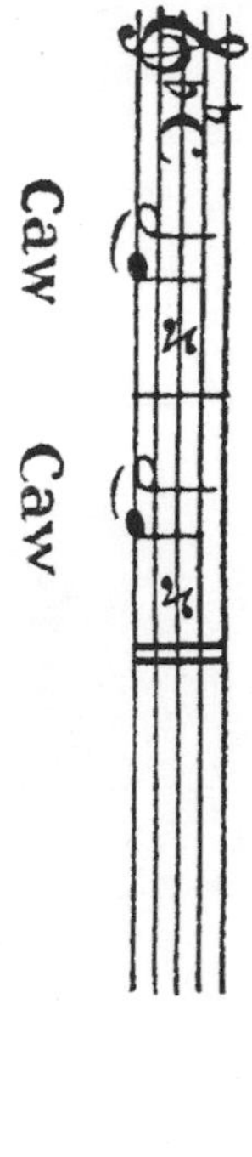

這通常是對隊伍所說，表示「立正」。

No. 9.

四月初，烏鴉群開始有了大的動靜，他們似乎有了興奮的新原因，不再從黎明到黃昏去覓食，而是在松樹之間花上半天時間，三三兩兩互相追逐，偶爾也炫耀各種不同的飛行特技。他們最愛的把戲是由極高處突然對某隻棲息在樹梢上的烏鴉俯衝下來，就在快要撞到他那千鈞一髮的瞬間重新彈回空中，速度快得讓俯衝者的雙翼像遠方疾雷般呼呼作響。有時也會有烏鴉低下頭來，張開每一根羽毛，發出如歌唱般的長音靠近另一隻。

No. 10.

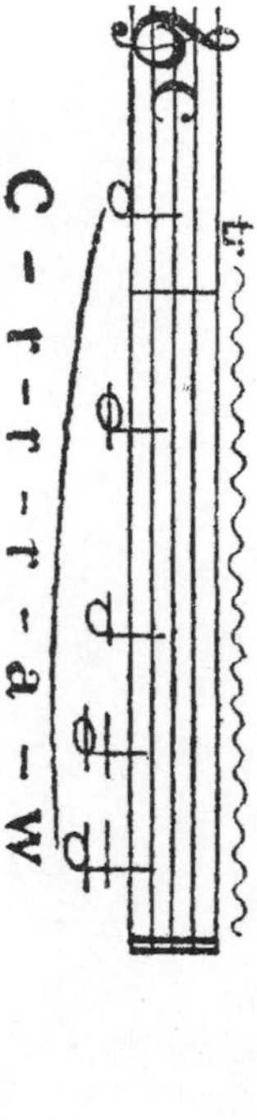

這代表什麼意思？我很快就明白了，他們雙雙對對正在交配，烏鴉先生正在向烏鴉小姐炫耀他們翅膀的力量和聲音，而且一定也頗受青睞，因為到了四月中，所有的烏鴉都已成雙成對，散布到整個鄉野去度蜜月了，只留下法蘭克堡陰鬱的老松樹，闃無一人，靜寂無聲。

II

糖塔丘獨自聳立在當谷之中，樹木林立，和法蘭克堡的樹林相接。在樹林四分之一哩處，這兩個山坡間，有一株松樹，樹頂上的鷹巢已人去樓空。每個多倫多的學童都知道那個鳥巢，除了我曾在巢邊射過一隻黑松鼠外，沒人見過那附近有任何生物。年復一年，它一直在那裡，又破又舊，就快要解體了。然而，奇怪的是，這麼久以來，它從沒有像其他老舊的鳥巢一樣碎成一片片的。

五月的一個早上，天剛破曉，我在灰濛濛中出了門，輕手輕腳穿過樹林，林地上的枯葉太潮溼，沒有發出沙沙聲。我剛巧走到那舊鳥巢的下方，卻看到一個黑尾巴由邊緣冒了出來，讓我大吃一驚。我把樹用力一搖，卻飛出一隻烏鴉，洩露了祕密。我早就懷疑有對烏鴉每年都在這些松樹附近做窩，現在才明白那就是銀斑和他太太。這個老巢是他們的，他們很聰明，每年都不讓它露出有過大掃除和整理家務的模樣。他們在這裡做窩已有很長的一段時間，儘管想射烏鴉的男人和男孩每天都扛著槍在他們家下面來來去去。我沒有再去驚動這老傢伙，不過有幾次我用望遠鏡看到他的身影。

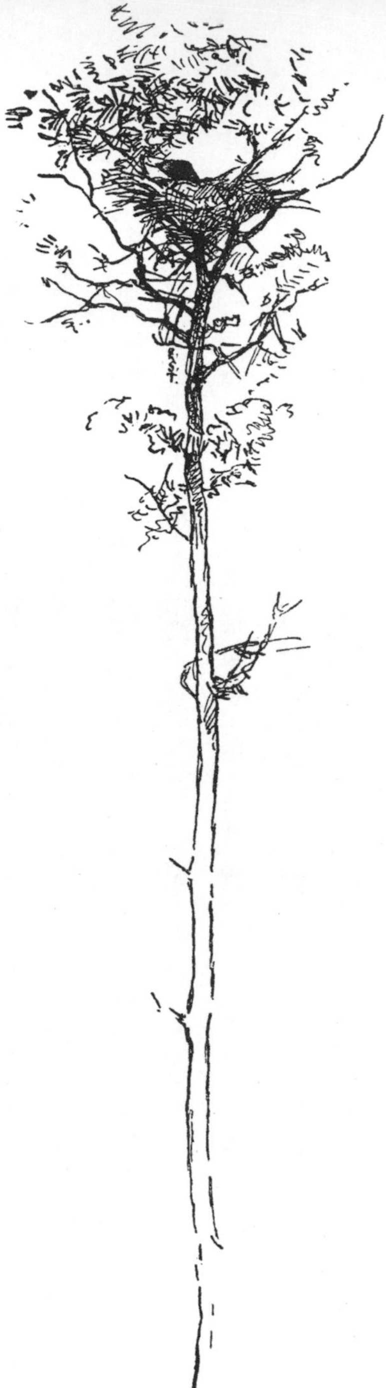

一天，當我正在觀察時，看到有隻烏鴉嘴裡啣著一個白色的東西越過當谷，他飛到玫瑰谷小溪的溪口，然後又飛了短短一段距離到河狸楡樹邊，拋下那白色的東西，並四處張望，讓我有機會認出他就是老友銀斑。過了片刻，他又拾起那白色的物體——一個貝殼，走過泉水，在這裡，由酸模和水芭蕉中，他挖出了一堆貝殼和其他白色、閃亮的東西。他把它們攤在陽光下，用喙把它們一個個翻轉過來，再把它們放下。他依偎著它們，彷彿這些是他的蛋一樣，像守財奴般地把玩它們，心滿意足地凝視它們。這是他的嗜好，他的迷戀，他難以解釋自己為什麼喜歡它們，就像男孩說不出他為什麼集郵，或是女孩不能解釋她為什麼喜歡珍珠而非紅寶石；不過他對它們的欣賞卻出自真心。過了半小時，他用泥土和葉子把它們全都掩蓋起來，包括那項新的收藏品，然後飛走了。我立刻趕到

瓷杯的杯柄，銀斑收藏品中的精華。

那裡檢視他的寶藏；大約可以裝滿一頂帽子，多半是白色的鵝卵石、蛤蚌的殼和一些錫片，不過也有瓷杯的杯柄，這一定是他收藏品中的精華。那是我最後一次見到這些寶貝，銀斑知道我找到他的寶藏，立刻把它們搬走了，搬到哪裡，我一直都不知道。

在我密切觀察的這段期間，他有許多小小的冒險和脫逃。他有一次被鷂鷹重傷，也經常遭霸鶲追逐撕咬，這些並沒有對他造成太大的傷害，但他們喧鬧而惹人厭，因此他只要一見到他們就盡快躲開，就像成人避開吵鬧而無禮的小男孩。他也有些殘酷的把戲，比如每天早上到小鳥的巢去巡一巡，好吃剛下的蛋，就像醫師巡房一樣規律。不過我們也不能因此而批評他，因為我們對穀倉前空地上的母雞也是如此。

他經常顯現出他的機智。一天，我看到他順著溪谷飛，嘴裡啣著一大塊麵包。下面的溪流正好在砌磚，要建造下水道，長達兩百碼的一段已經砌完了，正當他飛到那片開闊的水面上時，麵包恰好由他的嘴裡掉出來，被水流沖到隧道裡，不見蹤影。他飛下去，朝大洞穴裡望去，卻白費工夫。接著他靈光一現，順流飛到隧道口，等待漂浮在水面上的麵包出現，等它被水流沖出來時，他把它攫住，叼著它得意洋洋地飛走了。

銀斑舉世無雙，的確是隻成功的烏鴉。他生活的地域儘管危機重重，食物卻很豐足。每年他都在那又舊又破的巢裡，和太太養育幼雛，順便一提，我從來分不出他太太究竟是哪一隻。當鴉群重新集合，他又是他們公認的首領。

烏鴉大隊大約是在六月底重新集合——尾巴還沒長長，翅膀還不強壯，叫起來還沒變聲的小烏鴉，體型已和雙親相去不遠，他們由父母帶領，到老松林來介紹給大家，這個樹林立刻就成了他們的堡壘和學校。在這裡，他們因為數量眾多，又有高枝為蔭，可以得到安全的庇護。他們在這裡開始上學，學習烏鴉生活中所有的成功祕訣，在烏鴉的生活中，只要一丁點失敗，可不表示可以重新開始，而是意味著**死亡**。

他們抵達後的頭一兩週，小烏鴉們都在互相認識，因為每隻烏鴉都一定要認識鴉群裡的每個夥伴才行。在這段期間，他們的父母總算可以在辛勞養育他們後稍事休息，因為現在小烏鴉已經可以自行覓食，而且排成一排棲在樹上，就像大烏鴉一樣。

排成一排棲在樹上，就像大烏鴉一樣。

一兩週內，換羽期開始了。這段期間老烏鴉總是緊張暴躁，但他們依舊對小傢伙展開訓練，這些小東西不久前還是媽媽的心肝寶貝，當然不喜歡這麼快就被責罰與嘮叨，但就像老太太剝鰻魚皮時嘴裡叨唸的一樣，這都是為了他們好。而且老銀斑是個優秀的老師，有時他好像在對他們訓話，說了什麼我猜不到，但由小烏鴉的反應來看，一定十分詼諧。每天早上都有全連的訓練，因為小烏鴉會按照年齡和體力自動排成兩三個小隊。其他時間他們則跟著父母去覓食。

等到九月終於來臨，我們發現有很大的變化。那群傻小烏鴉的烏合之眾終於開竅懂事了，他們眼睛裡淡淡的藍色虹膜——傻烏鴉的標記，變成了幹練老手的深褐色眼睛。他們現在學會了操練，懂得了哨兵的義務。他們被教會了槍和陷阱的知識，還上過線蟲和嫩玉米的特別課程。他們知道老農夫的胖太太雖然體型比她十五歲的兒子大上許多，但危險卻低得多，他們也能分辨這名男孩和他的姊妹。他們知道雨傘不是槍，還會數到六，這對小烏鴉來說已經算是很了不起了，不過銀斑可以一路數到幾乎三十。他們知道火藥的氣味，也會分辨鐵杉的陰陽面，而且自己也開始長出羽毛，要成為舉世無雙的烏鴉。他們落地後，總會收攏三次翅膀，好確定做得乾淨俐落。他們知道怎麼糾纏狐狸，讓他放棄吃了一半的晚餐，也知道在遭到霸鶲或紫燕攻擊時，務必要衝進樹叢間，因為要和這些煩人的小傢伙打架，就像賣蘋果的胖婦人要逮到偷襲她水果籃的小男生一樣是辦不到的。這一切小烏鴉都已學會，不過他們還沒有上過找蛋的課，因為季節還沒到。他們

還沒見過蛤蚌，從未啄過馬的眼睛，或看過玉米芽，而且他們對最偉大的教育者：旅行，更是一竅不通。兩個月前他們對此連想都沒想過，後來雖然想到了，卻也學會要等到他們的老大做好準備才行。

老烏鴉在九月也有很大的轉變，他們換羽已經結束，現在又長出全身的羽毛，而且對自己帥氣的外衣頗為自豪。他們又恢復了健康，脾氣也變得好多了，就連老銀斑這位嚴厲的老師，都變得愉快許多，而老早就學會要尊敬他的小烏鴉們，也開始真心愛他。

他一直苦心鑽研操練，教他們所有的信號與口令，如今一大清晨觀察他們成了樂事。

「**第一連！**」老首領會用烏鴉的語言這麼叫喚，於是第一連就會喧嘩呼應。

「**起飛！**」於是他就親自率領他們，大家全都直線朝前飛。

「**上升！**」於是他們同時轉向朝上飛。

「**集合！**」於是他們就集合在一起，變成黑鴉鴉一大片。

「**散開！**」於是他們就像風捲落葉般分散各地。

「**列隊！**」於是他們就排成一列，像平常飛行時的長龍。

「**下降！**」於是他們全都降到接近地面的高度。

「**覓食！**」於是他們全都落地，各自分散去進食，而兩隻常任哨兵則全神戒備——一隻在右邊的樹上，另一隻在左邊遠處的小丘。一兩分鐘後，銀斑就會喊道，「有人帶槍！」哨兵重複他的喊聲，全隊就會立刻排成疏散隊形，即刻起飛，盡速往樹林間飛去。等危險過去，他們就再度組隊，回到松樹老家。

哨兵任務並不是由所有烏鴉輪流擔任，而是由經過認證、警覺性高的烏鴉擔任常任哨兵，他們要同時警戒與覓食。這在我們看來很困難，但實際上卻運作良好，而且所有的鳥類都公認烏鴉的組織是現有最好的。

最後，每年十一月，軍隊向南開拔，在聰明過人的銀斑率領下，去學習新的生活方式，新的地標和新的食物。

III

烏鴉只有一個時候是傻瓜，那就是晚上；只有一種鳥讓烏鴉恐懼，那就是貓頭鷹。因此當這兩個因素一同出現時，對這種黑鳥而言就是大不幸。天黑之後，遠處貓頭鷹的叫聲就足以讓他們把頭由雙翼下伸出來，坐著發抖，提心吊膽直到天明。在酷寒的天氣裡，烏鴉的臉這樣暴露在外，往往會使他們單眼或雙眼都凍傷，造成失明並因而死亡。生病的烏鴉是沒有醫院可去的。

凶手的蹤跡。

但隨著早晨到來，他們的勇氣再度降臨，他們起身，搜索一哩方圓內的樹林，直到揪出那隻貓頭鷹為止，就算沒有殺死他，至少也把他嚇得半死，並把他趕到二十哩外。

一八九三年，這群烏鴉一如往常來到法蘭克堡。之後幾天，我行經那片樹林，正巧看到一隻兔子全速越過雪地的足跡，彷彿被追逐一樣，在樹木間躲避奔逃。奇怪的是，我卻沒看到追逐者的腳印。我跟著小徑，馬上就看到雪地上有一滴血，再走遠一點，就發現被吃了一部分的小棕兔殘軀。是什麼動物吃了他，這讓我百思不解，直到在雪地裡細心搜索，才看到一個兩趾的大腳印，還有一根美麗的像用鉛筆畫的棕色羽毛，於是真相大白——**一隻大雕鴞**。半小時後，我再度經過那裡，在樹上，就在受害者骨骸的十呎之內，就是那隻目光犀利的貓頭鷹。這個殺人犯還在犯罪現場逗留，這回間接證據沒有說謊。他看我走近，發出「**咕嚕**」的喉音，低空掠過，飛往遠處的幽林作祟去了。

兩天後的黎明時分，烏鴉群發生驚天動地的大騷動，我一早出去查看，發現一些黑羽毛散落在雪地。我朝著風吹來的方向而去，很快就看到一隻烏鴉血淋淋的殘骸和那兩趾的大足印，再度告訴我凶手就是貓頭鷹。四面八方都是掙扎的跡象，但這凶殘的毀滅

銀斑之死。

者實在是太強壯了。可憐的烏鴉夜裡從他的棲所被拽了下來，邪惡的黑暗讓他處於絕望的劣勢。

我把殘骸翻過來，恰好讓他的頭部露出來——我忍不住發出難過的驚叫。唉！那是老銀斑的頭啊。他對同類貢獻良多的漫長一生走到了盡頭——終究命喪於他教導無數小烏鴉要提高警覺的貓頭鷹之手。

如今糖塔丘的老巢已被遺棄。烏鴉群春天依舊來到法蘭克堡，只是沒有那名聞遐邇的領袖，數目也愈來愈少。長久以來，他們和先祖都曾在這裡居住並學習，但很快的，他們就不會再在老松林附近出沒了。

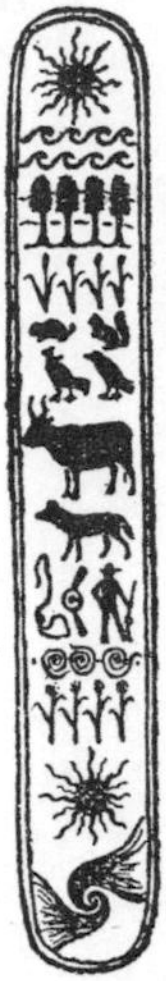

Raggylug
The Story of a Cottontail Rabbit

破耳
一隻棉尾兔的故事

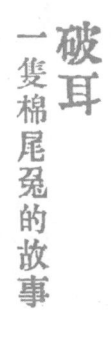

破耳 一隻棉尾兔的故事

破耳朵，或稱破耳，是一隻小棉尾兔的名字，這名字的由來是因為他那隻破破爛爛、凹凸不平的耳朵，這是他頭一次冒險所留下的記號，終身難以磨滅。他和媽媽住在奧利芳的沼澤，我就是在那裡認識他們，並以上百種不同的方式，蒐集了片片段段的真相和點點滴滴的證據，最後才能寫出這個故事。不熟悉動物的人或許會以為我把動物當成人，但貼近動物、對他們的生活和想法略有所知的人，就不會這麼想。兔子的確沒有我們所理解的語言，但他們能以聲音、姿勢、氣味、鬍鬚的擺動和動作等方法，和取代語言的示範，來表達他們的想法；要記得的是：雖然在敘述這個故事時，我毫不拘泥地把兔子的話譯為人類的語言，**但我並未無生有，說他們所不曾說過的話**。

I

沼澤裡茂密的青草彎垂下來，遮蔽了舒適的兔子窩，破耳的媽媽就把他藏在裡面。她用一些墊料把他蓋住，而且一如往常，在她離開前再三耳提面命，要他不論發生什麼事都得低低地伏著，一點聲音也不可以出。儘管他被藏在床上，卻十分清醒，他目光炯炯，盯著正上方那小小的綠色世界。一隻藍樫鳥和一隻紅松鼠，兩個惡名昭彰的小偷，正大聲指責對方偷竊，有片刻工夫，破耳家的草叢成了他們打架的地方；一隻黃鶯就在離他鼻子六吋的地方捉住一隻藍蝴蝶，還有一隻紅黑相間的瓢蟲悠閒地揮舞他那前端長瘤的觸角，由一葉草葉走上，再由另一葉走下，越過兔窩，爬到破耳臉上——可是他還是動也不動，連眼睛都沒眨。

過了一會兒，他聽到一旁草叢裡的樹葉傳來一陣窸窸窣窣的聲響，那聲音很奇怪，持續不斷，雖然一下往東，一下往西，而且愈來愈近，但卻沒有腳步落地的聲音。破耳一輩子都住在這個沼澤（他現在三週大），而且從沒有聽過像這樣的聲音，當然好奇心大作。儘管他媽媽再三交代要他伏得低低的，但那是指危險的時候，而這沒有腳步聲的

和一條大黑蛇臉對著臉。

奇怪聲音沒什麼好怕的。

低低的銼磨聲緊貼著身旁而過，接著朝右，又轉回來，似乎要離開了。破耳認為他知道該怎麼做；他不是小嬰兒了，有義務去瞭解那究竟是什麼。他緩緩擡起自己毛茸茸的小短腿，伸直圓滾滾的身體，把他的小圓頭伸出窩的覆蓋物，往樹林裡偷看。他一動，聲音就停了。他什麼也沒看到，所以又向前一步，好看得更清楚，結果立刻就發現自己和一條大黑蛇臉對著臉。

「媽咪，」這怪獸朝他猛撲，把他嚇得半死。他使盡吃奶的力氣，擺動小腳想逃，但這蛇瞬間就咬住他一隻耳朵，並把身體捲成圈，纏住這茫然無助的小兔寶寶，洋洋得意準備拿他當晚餐。

「媽—咪—媽—咪，」可憐的小破耳尖聲驚叫，這殘酷的怪獸開始徐徐用力，要讓他窒息而死。眼看這小東西的叫聲就要停了，這時媽咪像箭一般由樹林裡直射而來，強烈的母性使媽媽莫莉不再是羞怯、脆弱的小棉尾兔，看到影子就落荒而逃。寶寶的哭喊讓她英雄氣概頓生，只見她縱身一躍，跳過那條可怕的蛇。「碰」，她邊飛身而過，邊用尖銳的後爪朝蛇一踢，給他重重一擊，疼痛讓他全身蠕動，火冒三丈嘶嘶作響。

「媽—咪—媽—咪，」小傢伙虛弱的聲音傳來，媽咪一次又一次跳過來，攻擊的更用力也更猛烈，直到那可恨的蛇放開小傢伙的耳朵，改咬躍過自己頭上的兔媽媽，只是每次他都只能咬到一嘴毛。莫莉凶猛的攻勢也開始產生效果，因為黑蛇的鱗片甲冑已經裂了道長縫，湧出鮮血。

眼前的情況對蛇不妙；他全神戒備準備下一次攻擊，因此放鬆對兔寶寶的掌握，兔寶寶立刻扭動身體擺脫蛇的糾纏，逃到林木下的草叢裡，氣喘吁吁，魂飛魄散。不過除了左耳被那可怕的蛇牙撕裂之外，倒是毫髮無傷。

莫莉此時目的已達，她可無心為光榮或復仇而戰。她竄入樹林，小傢伙則跟著她那雪白尾巴的閃亮信號，直到媽媽領著他到沼澤的安全角落。

II

老奧利芳的沼澤是一大片布滿荊棘的再生林，中央有個充滿泥濘的池塘和一條小溪。在這座灌木林中有些老樹林的殘跡，還可以看到些許更古老的枯木樹幹腐朽倒地。池塘四周長了柳樹和莎草，貓和馬都會盡量避開，唯有牛群毫不畏懼。比較乾燥的地面上則長滿了荊棘和小樹，鄰接田野的最外圍，則是一層欣欣向榮的小松樹，樹幹上盡是樹膠。伸展空中的活松針和落在地下的枯松針散發出甜美清香，讓路過的行人欣賞嗅聞，但對要和它們競爭那塊無用荒地的小樹苗來說，這卻是致命的氣息。

四面八方是一大片平坦的曠野，橫越曠野的唯一足跡，屬於一隻住得太近、肆無忌憚且窮凶極惡的壞胚子狐狸。

沼澤的主要居民就是莫莉和破耳，他們和最近的鄰居天南地北，而他們最親的親族也已經死亡。這裡是他們的家，他們相依為命，破耳就在這裡接受他將一輩子受用的訓練。

莫莉是個好媽媽，她精心調教破耳。破耳學到的頭一件事，就是放低身體，千萬別出聲。他和黑蛇那回過招，已讓他有所領教。破耳學了個乖；此後媽媽怎麼說，他就怎麼做，這讓其他事情跟著順利很多。

他學到的第二課是「不要動」，這是由第一課衍生而來，一等破耳會跑，就學會了這一課。

「不要動」就是什麼也別做，變成一尊石像。訓練有素的棉尾兔只要一發現敵人接近，不論正在做什麼，都會保持原來的姿勢，停止所有的動作，因為林間的動物和其他事物色澤相同，只有在移動時才會引起注意。所以一旦敵我相逢，先看到對方的就「不要動」保持隱形，如此就能得到攻擊或逃跑的餘裕。唯有住在林間的生物才懂得這很重要，每隻野生動物和每個獵人都必須學會這一點；大家都學得很好，但棉尾兔莫莉更是出類拔萃，無人能及。破耳媽媽以身作則，教他這個把戲，當媽媽總是隨身攜帶的那個白色棉軟墊在樹林裡快速擺動時，破耳自然會拚命疾馳，亦步亦趨；但當莫莉停步而且「不動」，模仿的本能讓他也如法炮製。

不過破耳由媽媽那裡學來最重要的教訓，是野薔薇的祕密，這已是很古老的祕密了，不過一定要先聽聽野薔薇為什麼和各種動物爭吵，你才能瞭解它的來由。

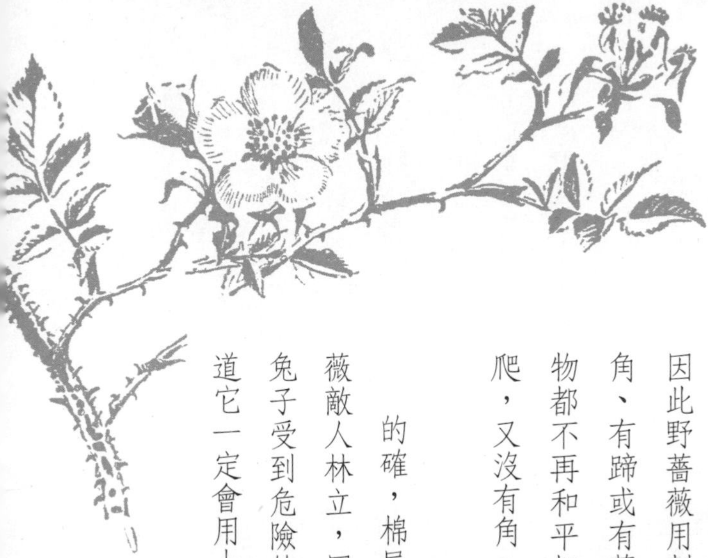

野薔薇的秘密

很久以前，野薔薇本來是生在沒有刺的灌木上，可是松鼠和老鼠老是爬上去，牛老是用角撞斷它們，負鼠老是用他的長尾巴扯下它們，鹿則用他尖銳的蹄子踢斷它們。因此野薔薇用刺來保護自己的花朵，永遠和所有會爬或有角、有蹄或有著長尾巴的生物宣戰。這讓野薔薇和所有動物都不再和平相處，只有棉尾兔莫莉除外，因為她既不會爬，又沒有角，也沒有蹄，而且幾乎沒有尾巴。

的確，棉尾兔從沒傷害過任何一朵野薔薇，而今野薔薇敵人林立，因此它和兔子結下特別的友誼，只要可憐的兔子受到危險的威脅，她就會飛奔到最近的野薔薇下，知道它一定會用上百萬尖銳的毒刺保護她。

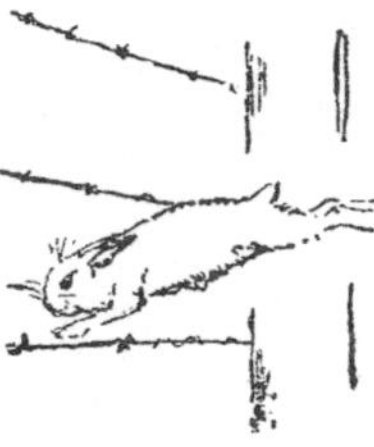

因此破耳由媽媽那裡學來的祕密就是：「野薔薇是你最好的朋友。」

那一季大半時光都花在學習那片土地的地形，以及荊棘與野薔薇迷宮的位置。破耳把它們記得滾瓜爛熟，可以經由兩條不同的路繞著沼澤，而絕不離開親愛的野薔薇五步以上。

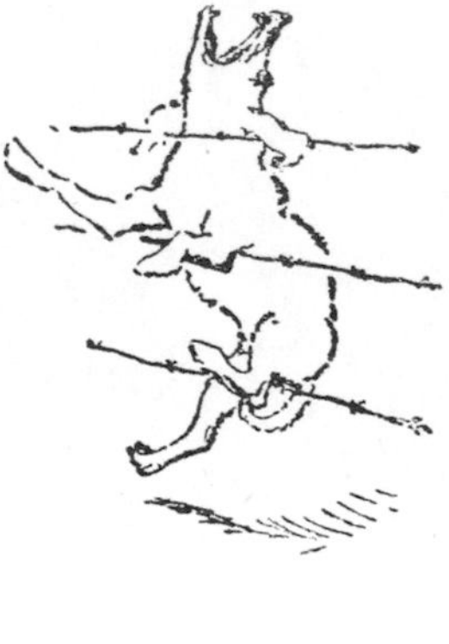

棉尾兔的敵人沒多久就生氣地發現，人類帶來一種新的荊棘，並且把它們長串地種在曠野裡。它們堅硬無比，沒有動物能打斷，而且又非常尖銳，就連最硬的皮也會被它撕裂。每一年它都愈長愈多，每一年它對野生動物造成的問題也愈來愈嚴重。不過棉尾兔莫莉並不怕它，她可不是白白在野薔薇下長大的。狗和狐，牛和羊，甚至人類自己都可能會被這些可怕的尖刺撕扯，可是莫莉懂得怎麼在它下面討生活，並且成長茁壯。它散布得愈遠，棉尾兔的安全地帶就愈廣。這種怕人的新荊棘叫做——**帶刺鐵絲網**。

III

眼前莫莉沒有其他子女要照顧，因此她全心教育破耳，而破耳異常聰明又身強體壯，因此表現傑出，成績斐然。

莫莉整季都忙著讓破耳學習小徑上的各種把戲，還有該吃喝什麼，不要碰什麼。她日復一日訓練破耳；把畢生絕學一點一滴傳授給他，她這輩子親身體驗或銘記在心的早期訓練，全都塞進了他的小腦袋瓜，讓他擁有他這一族得以生存的全套本領。

在苜蓿田野或灌木叢裡，破耳緊貼在媽媽身旁，學習她的一舉一動，他學媽媽掀動鼻子「保持嗅覺靈敏」，也由媽媽的嘴裡拉出她咬的草，或者嘗嘗她的唇，確定自己吃

的是同一種草料。他學媽媽一樣用爪子梳耳朵，打理自己的毛髮，還把背心和襪子上的毛頭咬掉。他也學到除了野薔薇上的清澈露珠外，什麼也不能喝，因為落到地上的水一定會被汙染。他就這樣開始學習森林知識，這是最古老的學問。

等破耳大到可以獨自外出，他媽媽就教他通信密碼。兔子靠著後腿蹬擊地面互相打電報，聲音沿著地面可以傳很遠；離地六呎的敲擊，二十碼開外就聽不見了，然而如果貼著地面，至少可以傳送上百碼。兔子的聽覺很靈敏，因此說不定在兩百碼外，還可以聽到同一聲蹬擊，足以由奧利芳沼澤的一頭傳到另一頭。**蹬**一下的意思是「小心」或「不要動」，如果是緩緩的**蹬蹬**表示「來」，急急的**蹬蹬**兩下表示「危險」；要是非常快的**蹬蹬蹬**，意思是「趕快逃命」。

另一次，天氣很好，藍樫鳥正在互相吵鬧，這代表周遭沒有危險的敵人。破耳在這時展開新的學習。莫莉把耳朵壓平，做出要他蹲下的姿勢，接著跑進草叢，蹬腳發出「來」的訊號。破耳朝媽媽跑去，卻找不到莫莉，他蹬腳，卻得不到回應。他小心翼翼地四處搜尋，發現了媽媽腳的氣味，於是他跟隨這奇特的嚮導——所有四足動物都很熟悉，人類卻一竅不通的這種指引——找到媽媽的蹤跡，發現她的藏身之處。他就這樣學習了跟蹤的第一課，他們玩的捉迷藏成了他日後生活中必要的追蹤技巧的練習。

在第一季教育還沒結束前，他已經學會兔子生活中所有重要的技巧，在多次的考驗中，展現他有真正的天分。

他很熟悉「樹木」、「躲藏」和「蹲下」，他可以玩「一二三木頭人」和「大風吹」，以及「暫停」和「倒退」，而且玩得爐火純青，幾乎毋須用到其他把戲。雖然他還沒試過「鐵絲網」，不過他知道怎麼玩，這是聰明人玩的新把戲；他特別研究過會隱藏所有氣味的「沙」、「變換方向」、「迴避」和「掉頭」，也把需要多花點時間才能做好的「鑽洞」練得同樣嫻熟，不過他從沒有忘記，「伏低」是所有智慧的源頭，而「野薔薇」是永保安全的唯一伎倆。

他被教導辨別所有敵人的跡象，以及阻擋他們的方法。鷹、貓頭鷹、狐狸、獵犬、混種狗、貂、黃鼠狼、貓、臭鼬、浣熊，還有——人類，他們各有不同的追逐方法，而他也接受教導，對於個別和全部的災難都有應付之道。

對於敵人接近時的解決方法，他學到先靠自己和媽媽，再靠藍樫鳥。「絕不要對藍樫鳥的警告掉以輕心，」莫莉說；「他詭計多端，是搗蛋鬼，無時不刻都在順手牽羊，但什麼事都逃不過他的眼睛。他不在乎傷害我們，但拜野薔薇之賜他也辦不到。他的敵人就是我們的敵人，因此聽他的準沒錯。要是啄木鳥發出警告，你可以相信，他很誠實；但和藍樫鳥比起來，他卻是個傻瓜，藍樫鳥雖然常常胡說八道作弄人，但如果他宣告壞消息，你可以相信他。」

鐵絲網的把戲則需要很大的勇氣和最敏捷的四條腿。破耳等了很久才敢嘗試，但等到他什麼本領都會了，這卻是他最愛的遊戲。

擺出像貓一樣古怪的姿勢。

「對有本事的人，這是漂亮的戰術，」莫莉說，「你先領著追你的狗向前直奔，讓他差一點就捉到你，讓他熱個身。然後領先他一步，帶著他斜跑過一段長路，直接衝向及胸的鐵絲網。我看到過許多狗和狐狸都因此殘廢，還有一隻大獵犬因此喪命；但我也看過不只一隻兔子因為這樣而一命歸西。」

破耳很早就學會有些兔子一直都不明瞭的事，那就是「鑽洞」看似妙計，但其實絕非上策；對於聰明兔子，這或許很安全，但對愚笨的兔子，這遲早會變成死亡陷阱。小兔子碰到敵人總是先想到這招，但老兔子除非走投無路，否則絕不輕易嘗試。這雖可逃過人、狗、狐狸或猛禽，但如果敵人是白鼬、貂、臭鼬或黃鼠狼，那就必死無疑。

沼澤裡只有兩個地洞。一個在陽光河岸，那是沼澤南端一塊有遮蔭的乾燥小丘，地面開闊且斜斜的迎著陽光；好天氣時，這兩隻棉尾兔就會到那裡去做日光浴。他們在芳香的松針和冬綠樹間伸展四肢，擺出像貓一樣古怪的姿勢，徐徐翻身彷彿像在烤肉，希望把每一面都烤熟。他們眨眼又喘氣，彷彿很痛苦似地蠕動身體；但這其實是他們最大的享受。

就在小丘頂上，有一大塊松樹的殘椿，它奇形怪狀的根像龍一樣在黃色的沙丘上蜿蜒曲折，很久以前就有一隻壞脾氣的土撥鼠在它們庇護的爪下挖洞做窩。一週週過去，他的脾氣愈來愈刻薄乖戾，有天竟不鑽進洞裡，反而和奧利芳的狗打了起來，因此在一小時後，棉尾兔莫莉就接收了這個洞穴。

後來，這個松根洞被一隻自以為是的年輕臭鼬無情地占據，他要不是這麼跋扈囂張，說不定還可以活得更久，因為他認為就算有槍的人，見到他也會拔腿就跑。因此他非但沒有把莫莉永遠趕出洞外，反而就像某個希伯來國王一樣，寶座只坐了四天就鞠躬下臺。

另一個是蕨類的洞，位於苜蓿田野旁的一叢羊齒植物之間。它又小又溼，只能做為最後的撤退基地。這也是一隻土撥鼠的傑作，這小子雖是個友善的鄰居，但卻腦袋空空，他的皮現在變成鞭繩，用來讓奧利芳的工作隊伍發揮更高的馬力。

「這很公平，」老奧利芳說，「因為這塊皮就是靠著偷吃原本要用來提高馬力的穀子飼養出來的。」

如今這兩隻棉尾兔成了兩個洞穴唯一的主人，而且只要可能，他們絕不靠近它們，以免踩出小徑，向敵人洩露這最後的避難所。另外還有一段空心的山胡桃樹，雖然已搖搖欲墜，卻依舊綠葉茂密，而且還有兩頭都開闊的好處。這裡一直是一隻獨來獨往的老浣熊洛特的住處，他表面上裝成只獵青蛙，而且他原本該像古時候的僧侶一樣，禁食任何肉類，但兩隻機靈的兔子卻心生懷疑，覺得他只要有機會就想大啖兔肉。終於，在一個黑夜，他去偷襲奧利芳沼澤的雞舍，結果遭到毒手。莫莉一點也不覺得遺憾，反倒鬆了口氣，接收他那舒適的窩。

IV

明豔的八月陽光一早就流洩在沼澤上，一切彷彿都浸浴在溫暖的光輝下。一隻棕色小沼澤帶鵐正在池塘裡的一大片燈心草上跳上跳下。在他身下幾汪大片的汙水，映照著幾塊藍天，讓天空和黃色的浮萍化為精緻的鑲嵌，中間有一小塊左右倒反的小鳥影像。一大叢金綠色的黃花水芭蕉在後方的岸邊欣欣向榮，幽暗的陰影投射在棕色的草叢。

沼澤帶鵐的眼睛並沒有受過色彩欣賞的訓練，但他卻看到我們可能錯過的景象；在寬闊的水芭蕉葉片下無數落葉所堆砌的棕色團塊中，有兩個毛茸茸的鼻子不停地上下抽動，其他一切則紋風不動。

那是莫莉和破耳。他們正在水芭蕉下方伸直了身體，並不是因為他們喜歡水芭蕉那難聞的氣味，而是因為虱蠅受不了它，可讓他們暫得安寧。

兔子上課沒有固定的時間表，他們時時刻刻都在學習；只是課程是什麼，端視眼前所遭逢的壓力而定，而壓力必定是突如其來的。他們來到這裡是為了安靜地休息，但才來沒多久，永遠都在警戒的藍樫鳥就突然發出警告，讓莫莉豎起了鼻子和耳朵，尾巴也緊貼在背上。在沼澤對面，奧利芳的黑白大狗現身了，直朝他們的方向跑來。

「來，」莫莉說，「你在這裡等，我去逗逗那傻瓜。」她迎上前去，毫不畏懼地衝往狗的去路上。

「汪—汪—汪，」他大吼大叫，一邊猛追莫莉，莫莉保持著讓他捉不到的距離，領著他在成千上萬又利又深的小刺襲來之處打轉，直到他柔軟的耳朵刮出血痕，最後則引他撞向隱藏的鐵絲刺網圍籬，讓他皮開肉綻逃回家，而且還一路痛苦哀號。接著莫莉折回一小段路，繞了個圈，又突然停步，以免狗又回過頭來追逐，最後才回到原地，看到破耳熱切地豎直身體，伸長脖子觀看這場好戲。

這麼不聽話讓媽媽勃然大怒，她擡起後腳用力一蹬，把破耳踹翻在地。

一天，他們在附近的苜蓿田中覓食，一隻紅尾鵟由上方猛撲而下追逐他們，莫莉擡起後腿朝他踢去取笑他，並躍進他們常走的那條老路的荊棘裡，這隻鷹當然沒法追上他

們。這是溪畔草叢至煙囪灌木林間的主要道路，上面橫著幾株攀緣植物，莫莉一眼盯著鷹，一邊則忙著把這些植物咬斷。破耳看著她的動作，接著跑到前方，也把橫在路上的更多攀緣植物咬斷。「做得對，」莫莉說，「跑道一定要清空，你經常要用到它們。不用寬，但要乾淨，清除像攀緣植物之類的東西，總有一天你會發現自己除掉了一個陷阱。」「一個什麼？」破耳問道，一邊用左後腳搔自己的右耳。

「陷阱是看來像攀緣植物的東西，它不會生長，而且比世上所有老鷹加起來還要可怕，」莫莉說，一邊瞄著現已飛遠的紅尾鵟，「因為它日日夜夜都在路上等機會逮到你。」

「我才不相信它能逮到我，」破耳說，憑著初生之犢的自傲，他踮起腳跟，在一株平滑小樹的高處摩擦自己的下巴和鬍鬚。破耳對自己的動作沒有自覺，但媽媽卻知道這是個信號，就像男孩變聲一樣，她的小寶貝不再是嬰兒，很快就要長成大棉尾兔了。

V

流水有神奇的魔力，誰會不明白這個事實，或對此毫無所覺呢？鐵路工人在遼闊的沼澤、湖泊甚至大海上一無所懼地築堤，但對最小的溪流，他卻懷著極大敬意，研究它的願望和走向，滿足它可能要求的一切。沙漠中焦渴的旅人儘管看見了莎草茂盛的池塘，卻生怕這是沒有源頭的有毒鹼性死水而不敢飲用，直到他找到一處水源，中央是清澈的涓涓細流，顯示它是一汪活水，這才歡喜掬飲。

流水有神奇的魔力，邪惡的力量無法跨越。湯姆．歐珊特[1]就在最危急時證明了它的力量。林間的野生動物遭致命死敵猛追，毫不鬆懈地跟蹤他留下的氣味，他明白厄運當頭，感受到不祥的魔咒。他已用盡力氣，使完絕招。幸好這時好心的天使領他來到水邊，流動的活水。他一躍而下，順著沁涼的水流，恢復了力氣，再度逃進樹林。

流水有神奇的魔力，獵犬到這裡只能停步，四處尋覓，但卻白費工夫。他們追蹤的法術被這快樂的小溪打斷，讓野生動物得以活命。

破耳跟著雪白的指路明燈。

這就是破耳由他媽媽那裡學來的重大祕密，「越過野薔薇後，水就是你的朋友。」

八月一個又熱又悶的夜晚，莫莉領著破耳穿過樹林，她尾巴下面棉花般的白色墊子在前面閃閃發亮，是他的指路明燈，可是只要她停下腳步坐在上面，很快就熄滅不見。跑了幾段路，又停下來聆聽後，他們來到池塘邊。在他們上方樹木裡的雨蛙正在唱著「睡，睡」，深水裡的一段沉木上則有隻牛蛙，全身直到下巴都浸在沁涼的水裡，鼓脹著身體正在歌唱讚美「一壺蘭姆酒」。

「一壺蘭姆酒。」

「靜靜地跟著我，」莫莉用兔子語說，接著「噗」一聲，跳進池塘，朝中間的沉木而去。破耳雖然退縮了一下，但還是發出小小一聲「噢」跳了進去，一邊喘氣，一邊飛快地掀動鼻子，跟著媽媽亦步亦趨。他做出和陸地上同樣的動作，讓他穿過水裡，於是他發現自己會游泳。他繼續向前直到沉木那裡，爬上沉木高起的那端，坐在還在滴水的媽媽身邊，周遭是燈心草屏障和什麼都不會洩露的池水。此後在溫暖的黑夜中，只要那來自春田的老狐狸匍匐穿過沼澤，破耳就會凝神諦聽牛蛙的聲音來自何方，因為萬一到了最後關頭，這說不定是安全的指引。從那時起牛蛙唱的歌詞就變成了「**來**，**來**，**碰到危險就來**」。

這是破耳由媽媽那裡學來的最新課程——這可以說是研究所等級的課程，因為許多小兔子根本就學不到這一課。

VI

沒有野生動物是壽終正寢，他的生命遲早都會以悲劇告終，問題只在於他可以和敵人對抗多久。不過破耳的一生證明了，只要兔子能撐過幼年，很可能就可以過完全盛期，一直到生命的後三分之一才遇害，也就是我們稱為老年的下坡路。

棉尾兔的敵人無所不在，他們的日常生活就是一連串的逃脫。因為狗、狐狸、貓、臭鼬、浣熊、黃鼠狼、貂、蛇、鷹、貓頭鷹和人，甚至連昆蟲全都在盤算著要怎麼殺死他們。他們有上百種歷險，而且每天至少都有一次得飛奔逃命，靠著自己的飛毛腿和機智拯救自己。

由春田來的那隻可惡狐狸死命追趕他們，害得他們不得不躲到泉水邊廢棄的鐵絲網豬圈下。不過只要他們一躲進去，就可以安心地望著狐狸，看他只能跺腳，卻無法抓到他們。

有一兩次破耳被追時，利用獵犬去鬥和狗差不多危險的臭鼬。

還有一次破耳被靠著獵犬以及白鼬幫忙的獵人活捉，幸好第二天他好運逃脫，不過此後他更不信任地洞。他還有幾次被貓追到水裡，也有許多次被鷹和貓頭鷹追逐，不過每種危險都有脫身之道。他媽媽已經教他閃躲的原則，而他青出於藍，隨著年歲增長想出了許多新花樣。他愈年長愈有智慧，就愈不信任自己的快腿，而是靠著機智追求安全。

藍吉是附近一隻年輕獵犬的名字，他的主人為了訓練他，總是把他帶來棉尾兔常走的路上。獵犬追逐的幾乎總是破耳，因為這隻血氣方剛的公兔就像獵犬一樣享受這樣的追逐，其中的危險性更添刺激。他會說：「媽媽！那隻狗又來了，我今天一定要陪他玩玩。」

「你膽子太大了，破耳，我的孩子！」她可能會這麼回答，「我擔心你夜路走多了總會碰到鬼。」

「可是，媽，逗那隻笨狗太有趣了，而且也是很好的訓練。要是我被逼得太急，我就蹬腳，妳就可以來換手，讓我喘口氣。」

於是破耳出動了，藍吉跟蹤他，一直到他累了。他不是蹬腳發信號求救，讓莫莉來應付這隻狗，就是用些聰明的詭計甩開他。下面這段故事說明了破耳對樹林裡求生的技藝有多麼純熟。

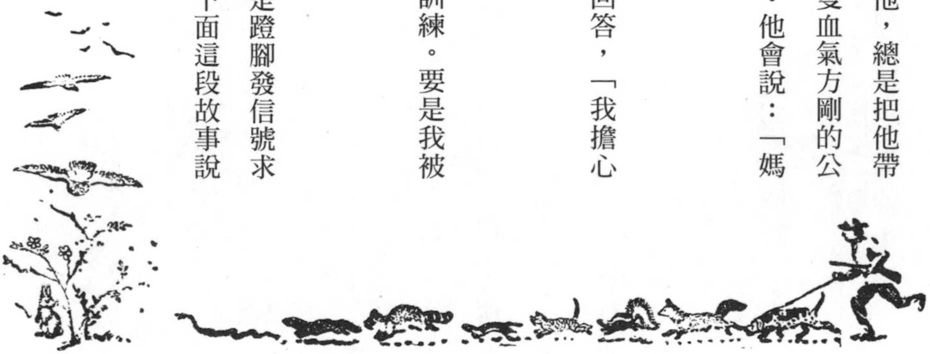

他知道自己的氣味在靠近地面最明顯，在體溫最高時最強烈，所以如果他能離開地面，在高處靜待半小時，等體溫下降，讓自己的蹤跡不再那麼明顯，就能保持安全。因此當他追逐累了，就往溪畔荊棘叢一躲，在那裡「蜿蜒」——就是左彎右繞，留下迂迴曲折的路徑，那隻狗一定得費上好一番工夫才能破解。接著他直奔樹林裡的D點，單腳一躍跳上迎風的圓木E處，接著在D點停步，沿著他的蹤跡退回F點；然後往旁一躍，跑向B點，再沿著自己的蹤跡來到J點並等在那裡，直到那隻獵犬經過留有他蹤跡的I點。這時破耳再回到原本的H點，跟著舊蹤跡走到E點，在這裡，他不留下氣味，縱身往斜側一躍，跳到高高的圓木上，再跑向更高的那頭，像個隆起的腫塊端坐在那裡。

獵狗跟到圓木上嗅聞。

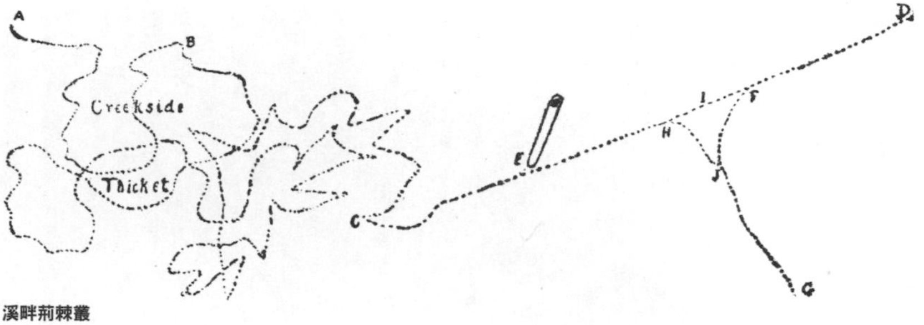

溪畔荊棘叢

藍吉在荊棘迷宮中浪費了很多時間，等他終於把破耳的蹤跡理出頭緒，破耳的氣味已經很淡了。他來到D點，在這裡繞圈想找出破耳的氣味，在浪費一段時間後，跟著蹤跡來到G處，可是氣味在這裡卻突然消失了。他再次陷入困惑，必須再繞圈才能找出破耳的蹤跡。這圈子愈兜愈大，直到最後，他正正好就從破耳所坐的圓木下穿過去，可是冷卻的氣息，在寒冷的日子，並不太會往下飄去。破耳端坐不動，連眼睛都沒眨，獵犬就走過去了。

狗又繞了回來，這回他越過圓木較低的那頭，停下來嗅聞。「沒錯，這味道明明就是兔子。」可是味道已經淡了；不過他還是沿著圓木往前走。

這隻大獵犬沿著圓木邊走邊嗅，這是考驗破耳的一刻，不過他並沒有因此喪失勇氣；風向很理想，他打定主意只要藍吉走到圓木的一半，他就要拔足狂奔。可是藍吉沒來。要是黑嘴混種犬就會看到兔子坐在那裡，可是這隻獵犬沒有看到，而且氣味似乎淡了，因此他跳下圓木，破耳贏了。

VII

除了自己的媽媽，破耳從沒有見過任何其他兔子，他的確也很少想到會有別的兔子。現在他跑得離媽媽愈來愈遠，但卻從不覺得寂寞，因為兔子並不嚮往友伴。但十二月裡的一天，他正在紅山茱萸灌木叢中，抄一條新的小徑要去溪畔荊棘叢，卻突然看到天空下陽光河岸那裡，有隻陌生兔子的頭和耳朵。新來的兔子露出發現者得意洋洋的神情，很快就沿著**破耳的**小徑進入**破耳的**沼澤，朝破耳的方向跳來。破耳胸中湧起一股新的情緒，那是憤怒和仇恨交織的煎熬，名為嫉妒的沸騰感受。

新來的兔子在破耳摩擦自己的樹前停步——那是破耳常常踮起腳跟，盡量擡高身體摩擦下巴的樹木。他以為自己這麼做純粹是因為喜歡，但其實所有公兔子都會有這個動作，這麼做有幾個目的：讓樹木有兔子的氣味，其他兔子就會知道這個沼澤已屬於一個兔子家族，不開放移居。這也讓下一隻兔子知道自己認不認識上一隻留下氣味的兔子，而兔子摩擦的位置，也能顯示這隻兔子有多高。

破耳很氣憤地發現新來的兔子比他高一個頭，是隻又大又結實的公兔。這是個全新的體驗，讓破耳有全新的感受。他心裡湧起一股殺戮的欲望；他咬牙切齒，向前跳上一塊平坦的硬地，徐徐地擡起後腳——

「蹬—蹬—蹬」，這是兔子的電報，意思是「滾出我的沼澤，不然就來決鬥」。

新來的兔子用他的耳朵擺成大V字，直挺挺地坐著等了幾秒，然後前腳著地，沿著地面送出了更大聲、更強力的「蹬—蹬—蹬」。

雙方就此宣戰。

他們倆都打橫裡殺出來，兩個都想占上風，同時也在觀察有沒有機會占點便宜。新來的這隻是又大又重的公兔，肌肉發達；但有兩三個小地方，比如翻轉時的步法，和未能趁破耳在低處時追上他，顯示他不夠機伶，只想靠體重取勝。他終於來到眼前，破耳火冒三丈迎上前去。他們碰在一起，雙雙朝上躍起，伸出後腳出擊。「蹬—蹬」兩下子，可憐的小破耳摔在地上，才一轉眼，這個外來者對著破耳伸出牙齒，破耳被咬，掉了幾撮毛，好不容易才站起身來。但他是個飛毛腿，一溜煙就跑開了。他再度衝刺，再度被打倒，被狠狠地咬。他不是敵人的對手，沒多久就得想辦法逃命。

破耳雖然受了傷，還是跳了開來，新來的兔子全力猛追，一心要取他性命，把他趕出他誕生的這片沼澤。破耳的腿很強健，能迂迴曲折地跑。新兔子又大又重，很快就放棄追逐，幸好他停下了腳步，因為破耳受傷又疲憊，已經跑不動了。由那天起，破耳受到恐怖統治。他所受的訓練都是對抗貓頭鷹、狗、黃鼠狼、人類等等，可是被另一隻兔子追逐時該怎麼辦？他不知道。他只知道要低伏著等到敵人發現他的蹤跡，然後快跑。

可憐的小莫莉被嚇破了膽；她沒辦法幫助破耳，只能躲起來。可是大公兔很快就發現了她。她想逃離他，但速度沒有破耳快。這隻陌生的兔子並沒有打算殺掉她，而是和她交配，但莫莉討厭他，想要逃跑，他就對她用強。日復一日他都跟著莫莉，這讓她十分煩惱，他也因為莫莉長久以來對他的厭惡而憤怒，經常把她打倒在地，由她身上扯下一嘴又一嘴柔軟的毛，直到氣消，才讓她暫時逃離。他一心一意要殺死破耳，破耳似乎沒有逃脫的希望。破耳沒別的沼澤可去，現在就算只是小睡一下，也得隨時做好逃命的準備。一天總有十幾次，這個大傢伙會悄悄爬到他睡覺的地方，不過每次破耳都及時警覺，驚醒逃脫。他究竟該忍辱逃命，還是拚死一搏？他活下來了沒錯，但，噢！這是何等悲慘的生活！像這樣茫然無助，看著他的小媽媽每天挨打被咬，看到他自己心愛的地盤、舒適溫暖的小天地，還有他花了這麼多力氣才做出來的小徑，都被這可恨的野蠻人由他手裡搶了去。悶悶不樂的破耳明白，一切戰利品都屬於勝利者，他恨他，遠甚於狐狸或白鼬。

該怎麼了結？他因逃跑、警戒和惡劣的食物，已經疲憊不堪，小莫莉的體力和精神也在長期的折磨下瀕臨崩潰。這新來的傢伙準備竭盡所能毀滅可憐的破耳，終於犯下兔子中最惡劣的罪行。不論他們多麼彼此憎恨，所有的好兔子在面對共同的天敵時，總會放下嫌隙合力抵抗，然而有天一隻大蒼鷹在沼澤上方盤旋，那新來的陌生兔子自己躲得很好，卻一再嘗試把破耳趕到開闊的地方。

有一兩次那隻蒼鷹差點就逮著破耳，不過荊棘還是救了他一命。一直到大公兔自己差點被抓，才放棄讓破耳去送死的伎倆。破耳雖然再度逃脫，但情況並沒有好轉，他下定決心要帶著媽媽離開，如果可能，次日晚上就出發，走遍天涯海角去尋覓新家。不過這時他突然聽到獵犬老雷正在沼澤附近嗅來嗅去，他想出了最後的絕招。他故意橫過獵犬的眼前，開始了迅速而激烈的追逐。他們繞著沼澤跑了三圈，直到破耳確定他媽媽已經安全躲藏，而他痛恨的仇人則待在自己的窩裡，於是他往那窩直衝而去，由他身上一躍而過，經過頭部時還用後腳重重一踹。

「你這渾蛋小子，我要宰了你，」這新來的兔子喊道，他猛地跳起來，才發現自己就卡在破耳和獵犬間，接棒成為被追逐的對象。

獵犬對著撲面的氣味狂吠撲來，公兔的重量和體型在兔子間打鬥時雖然占優勢，此時卻成了致命的缺點。他對把戲所知不多，只有一些所有兔子都會的簡單伎倆，如「掉頭」、「轉向」和「鑽洞」，可是追逐已經太近，來不及掉頭和轉向，而他又不知道洞在哪裡。

這是一場沒有間斷的追逐。對所有兔子都一樣仁慈的野薔薇雖然盡了力，但卻沒什麼效果。獵犬的狂吠一直緊追不捨，樹枝折斷的聲音和荊棘割傷獵犬柔嫩耳朵時的每次哀鳴，聲聲傳進兩隻兔子蹲伏躲藏的地方。突然間，這一切聲音都停止了，只聽到一陣扭打，接著是可怕的高聲尖叫。

破耳知道這代表什麼意思，不禁渾身哆嗦，但等一切結束，他很快就把它拋諸腦後，為自己重新成為親愛老沼澤的主人而歡欣雀躍。

VIII

老奧利芳當然有權把沼澤東面和南面所有的灌木林都燒掉，並清除就在泉水下方的鐵絲網舊豬圈，不過這對破耳和他媽媽來說可不好受，前者有幾個他們做的窩和前哨基地，後者則是他們的豪華要塞和安全避難所。

他們占據沼澤這麼久，不免以為沼澤的一草一木和附近的一切都屬於他們——包括奧利芳家沼澤的土地和建物，就連毗鄰的穀倉出現另一隻兔子都讓他們不快。

他們的說法是，占領的時間夠長，地盤就屬於他們的，這和大部分國家宣布占領疆土的臺詞一模一樣，難以反駁。

一月融雪之時，奧利芳家把池塘邊其餘的大樹林都砍光，因此棉尾兔四面八方的地盤都縮小了，但他們還是依戀這個逐漸縮小的沼澤，因為這是他們的家，他們不願遷到外地去。他們每日依舊出生入死，但他們也依舊有飛毛腿、敏捷的身手和機敏的智慧。

最近，有隻貂一直在騷擾他們，他順流而上，晃蕩到他們平靜的小窩。他們略施小技，把這讓人不安的訪客引到奧利芳家的雞舍。但他們還不很確定他是否已經被除掉。因此目前他們不敢鑽地洞，那當然是個危險的死巷，改在靠近荊棘和剩下的灌木叢休憩。

第一場雪早已融化，天氣迄今都晴朗暖和。莫莉覺得風溼隱隱然要發作，所以到低低的草叢去找冬綠進補。破耳坐在東側岸邊微弱的陽光下，奧利芳家熟悉的山牆煙囪冒出淡藍色的煙，一陣陣由樹林下方飄來，映著明亮的天空，呈現黯淡的棕色。陽光鍍金的山牆從中央被荊棘叢切成兩半，在暗影中呈現紫色的荊棘，在陽光下卻被映照成閃閃發光的深紅和金色。房屋再過去則是山牆和屋頂構成的穀倉，這是房屋新搭建的部分，像諾亞的方舟一樣巍然矗立著。

穀倉裡傳出的聲音，還有和煙霧混合在一起的美妙氣味，告訴破耳院子裡的動物正在吃包心菜。一想到那頓盛宴，就讓他垂涎欲滴。他的眼睛眨了又眨，拚命用鼻子嗅那美食，因為他熱愛包心菜。但他連吃了幾頓沒營養的苜蓿後，前一晚才去過穀倉空地，而任何精明的兔子都不會連續兩晚去同一個地方。

因此他做了聰明之舉，走到聞不到包心菜的地方，用乾草堆掉下來的乾草果腹。等到晚上他準備睡覺時，莫莉回來了，她已經吃了冬綠，也在陽光河岸附近用矮樺簡單打發了一頓。

這時太陽已經到別處去忙他的事，也帶走他所有的輝煌金光。一大片黑色的百葉窗簾由遙遠的東方上升，愈來愈高；它布滿了整片天空，把所有的光都隔絕在外，讓世界成了非常陰鬱的地方。接著另一個搗蛋鬼，風，趁著太陽不在趕到現場，動手醞釀災禍。天氣變得愈來愈冷，感覺比地面積雪時更糟糕。

「冷得要命不是嗎？我真希望我們能躲在枯枝堆下，」破耳說。

「這樣的晚上躲在松樹洞下會很舒服，」莫莉答道，「可是我們還沒看到貂皮由穀倉那頭掛出來，除非看到，我們才算安全了。」

空心的山胡桃已經不見了——其實就在此刻，它的樹幹被堆在貯木場上，正窩藏著他們所畏懼的貂。這兩隻棉尾兔潛行到池塘的南側，選了一堆枯枝，爬到底下去，依偎著度過這一夜。他們迎著風，鼻子分別朝向不同的方向，萬一發生危險就可以分頭逃跑。

夜色愈來愈深，風也愈來愈強，愈來愈冷，約在午夜時分，夾著冰的細雪飄了下來，落在枯葉上發出答答的聲音，颯颯地吹過枯枝堆。這樣的夜晚或許很不適合打獵，可是來自春田的那隻老狐狸還是出動了。他在沼澤的遮蔽下迎風而來，恰巧走到枯枝堆的下風處，聞到了呼呼大睡的棉尾兔的氣味。他暫停片刻，接著躡手躡腳朝著一堆枯木走去，他的鼻子告訴他兔子就躲在底下。風和雨雪的呼號讓他走到很近，莫莉才聽到他爪下一片枯葉碎裂的細微聲響。她碰了一下破耳的觸鬚，就在狐狸撲上來時，他倆才完全清醒；但在睡覺時他們的四條腿總是做好隨時躍起的準備。莫莉拔腿衝入漫天雪暴裡，狐狸一擊不中，但卻像個賽跑選手般緊追不捨，而破耳則往另一個方向急衝。

莫莉只有一條路可走；迎風一直往前，為了逃命，她急匆匆地往前跳，越過了尚未結凍的泥濘，這段路狐狸很難走，直到她來到池塘邊。已經沒有機會回頭，她必須往前。

撲通！她穿過野草，縱身一躍，跳入了深水。

緊追在後的狐狸也跳下來。但在這樣的晚上，這對他未免太吃不消，所以他回頭了。莫莉眼見只有一條路，掙扎著穿過蘆葦往深水而去，努力想要游到對岸，可是逆風吹得強勁。她一邊游，一波波冷冰冰的小波浪也越過她的頭，水面蓋滿了雪花，就像柔軟的冰或漂浮的泥一樣擋住她的路。對岸的那條黑線似乎非常、非常遙遠，狐狸說不定就在那裡等著她。

她把耳朵放平避開狂風，勇敢地使出全力和風浪搏鬥。在冰冷的水裡精疲力竭地游了很久，她幾乎就要抵達另一頭的蘆葦，直到一大片浮在水面上的飄雪，阻擋了她的去路；接著岸上的風又發出如狐狸般奇特的聲音，奪去她所有的力量，在她擺脫那片漂浮在水面上的雪前，她已經向後退到很遠的地方了。

沒有機會回頭。

她再度奮力向前，只是現在很慢——非常慢。等她好不容易來到高大蘆葦的庇護下時，四肢已經麻木，力氣也已經耗盡。她勇敢的小心臟變沉，而她也已經不在乎狐狸還在不在了。她的確穿過了蘆葦，但到了草叢後，她的路徑搖擺不定，速度也慢了下來。她無力的划動無法再往陸地前進，圍在四周的冰完全擋住了她。沒有多久，冰冷又虛弱的四肢停止了動作，兔媽媽毛茸茸的鼻尖不再掀動，柔和的棕色眼睛也因死亡而闔上了。

可是並沒有狐狸等著要用貪婪的大嘴撕裂她。破耳逃過了敵人的第一次攻擊，一等他回過神，就急忙跑回來幫媽媽，和她換手。他碰到了那隻繞過池塘準備去攔截莫莉的老狐狸，把他引到大老遠，再帶他一頭撞上鐵絲網，讓他負傷而逃，然後趕回岸邊尋找蹤跡和蹬腳，可是不論他怎麼找都是徒勞，他找不到他的小媽媽。此後他再也沒見到媽媽，也不知道她究竟到哪裡去了，因為莫莉在她的朋友——從不多言的水的冰冷懷抱中，永遠地安息了。

可憐的小棉尾兔莫莉！她是真正的英雄，卻也只是個從沒想過自己的作為是否英勇的芸芸眾生，他們在自己的小天地間竭盡所能，最後死去。她在生命的戰役中好好打了一仗。她有很好的質地，而這永遠不會消失，因為她的血肉、她的頭腦都已傳給了破耳，她活在破耳的身體裡，透過破耳為她的種族傳遞更美好的質地。

破耳迄今還住在沼澤裡。那個冬天老奧利芳去世了，愛揮霍的兒子不再清理沼澤或修補鐵絲網籬。不到一年它就變得更加荒僻；新的樹木和荊棘密密生長，倒下來的鐵絲網則成了棉尾兔的諸多城堡，是狗和狐都不敢接近的最後避難所。破耳一直活到現在，如今他長成強壯的大公兔，不怕任何仇敵。他養育了一個大家族，有隻我不知道他由哪裡找來的美麗棕兔太太。他和他子女的子女一定會在那裡繁衍興旺多年，如果你學會他們的密碼，選個好的地點，知道如何以及在何時蹬腳，那麼，只要在晴朗的黃昏，你就可能會看到他們。

【譯注】

1　Tam o'Shanter。這是英國詩人伯恩斯（Robert Burns）於一七九〇年寫的詩，敘述醉鬼湯姆·歐珊特半夜碰上女巫和魔法師的聚會而被追逐，但他們不敢過河，讓湯姆得以逃命。

Bingo
The Story of My Dog

賓果
我的狗的故事

賓果

「富蘭克林的狗縱身躍過柵門，
你稱呼他小賓果。
賓—果，
你稱呼他小賓果。

富蘭克林太太釀了棕栗色的麥芽酒，
他稱呼它難得一見的烈啤酒，
烈—啤—酒，
他稱呼它難得一見的烈啤酒。

這歌曲是否悠揚動聽，
響亮諧和，
響—亮—諧—和，
的確是響亮諧和。」

賓果 我的狗的故事

I

那是一八八二年十一月初，曼尼托巴的冬天才剛降臨。早飯後，我懶洋洋地靠在椅背上休息，視線漫無目的地左右游移，由我們那簡陋小屋窗戶的玻璃，移到釘在附近木頭上面〈富蘭克林的狗〉那首老歌的歌詞上。窗戶框住了大草原的一角，還有我們牛棚的盡頭。可是這首歌和景色的夢幻氣氛，卻因我瞄到一隻灰色的大動物而快速消散，這動物越過草原，朝牛棚直衝而去，在他後面緊追不捨的，是一隻黑白相間、體型較小的動物。

「狼，」我大喊，順手抄起來福槍衝出去幫狗，不過我還來不及趕到，他們就已跑出牛棚，在雪地追逐。沒多久，狼再度走投無路。那隻狗是我們鄰居的牧羊犬，他兜著圈子要找機會攻擊。

我遠遠開了幾槍，卻只是讓他們再度在草原上追逐。又跑了一陣，這隻無人能敵的狗接近那匹灰狼，一口咬住他的後臀，但卻又馬上撤退，以避開狼猛力的反噬。接著狼又陷入窮途末路，然後又是雪地裡的一番追逐。每隔幾百碼，這種情況就重複一次。狗設法讓每一次追逐都朝著人的居處靠近，而狼則徒然地想要突破封鎖，朝東邊陰暗的樹林逃走。最後經過一哩長的打鬥追逐，我趕上他們，而這隻狗看到他有援兵，便逼近那隻狼，準備結束他的性命。

幾秒後，兩隻混戰的動物分出了身形，一隻是狼，他的背上則是緊咬著他喉嚨不放、鮮血直流的牧羊犬。於是我舉步上前，輕鬆一槍擊中狼的頭部，結束這場戰鬥。

這隻氣喘吁吁的狗眼見敵人已死，沒有再多看他一眼，大步跑向雪地那頭四哩外的農場，他就是在那裡一眼看到狼的動靜，就拋下主人追來。他是隻好狗，就算我沒上前幫忙，他也一定會獨力殺死這匹狼，我聽說他已多次建功，即使是比較小的狼或郊狼，體型依舊比他大上許多。

只要狼轉身，法蘭克就退後。

我由衷佩服這隻狗的英勇，當下就去洽談，打算不計價格把他買下，但他的主人卻嗤之以鼻，問我，「你何不買他的小狗？」

既然好狗法蘭克不賣，我只好退而求其次，選擇應該是他的小狗，也就是他老婆的兒子。這隻可能是名門之後的小傢伙是個圓滾滾的黑色毛球，看來比較像長尾巴的小熊而不像小狗。不過他有棕褐色的斑紋，就像法蘭克身上的花紋，我只好希望這能保證他日後也能像爸爸一樣英勇，他口鼻那邊還有一圈白色的條紋，是他獨有的特色。

有了小狗，接下來就是要給他取個名字。這個問題應該算是解決了，既然〈富蘭克林的狗〉這首歌是我們結緣的背景，因此我們也就順理成章「稱呼他小賓果」。

II

那個冬天賓果待在我們的小屋，過著肥滋滋、圓滾滾、天真爛漫、調皮搗蛋的小狗生活；天天大吃大喝，愈長愈大，也愈來愈笨拙。就算吃了苦頭，還是教不會他不要把鼻子伸進老鼠夾。他對貓的熱情友善遭到對方徹底的誤解，雙方宣布武裝中立，偶爾還會變成恐怖統治。一直到最後，等賓果有了自己的主見，他就決定搬到穀倉去睡，根本不邁進小屋一步。

春天一到，我就對他展開認真的教育，不只我這邊痛苦，他也吃盡苦頭，好不容易學會只要我一聲令下，他就去追我們那頭黃色老母牛，她自由自在，在沒有圍籬的草原上吃草。

賓果遭到誤解。

等賓果學會這個指令，他變得非常喜歡這套把戲，再沒有比下令要他把母牛帶回來更讓他開心的事了。他會疾馳而去、開心大叫且跳到半空中，以掃視整片平原，看他的受害者在哪。要不了多久，他就會趕牛回來，讓母牛在他前面撒腿飛奔，不能有片刻休息，直到她氣喘吁吁，安全地被趕進牛棚最裡面的角落，賓果才罷休。

要是他不那麼盡心盡力，說不定更讓人滿意。不過我們容忍他，直到他太過喜歡這種半天一次的尋覓，我們沒有叫，他也自動自發把「老鄧」帶回家。到後來這隻精力旺盛的牧牛犬不只一天一兩次，而是十幾次，不待吩咐就衝出門，把那頭母牛趕回牛棚。

最後事情演變到這種地步：每當賓果想運動一下，或是有幾分鐘空檔，或只要他想到這件事，就會撒開四條腳，飛快地趕到平原，幾分鐘後就押著那頭氣急敗壞的黃牛狂奔回來。

起初這似乎並不太壞，因為這讓牛不會走太遠；但沒多久我們就發現這妨礙了她吃草，她不但消瘦，乳汁也減少；這似乎也讓她感到焦慮，因為她總是緊張地盯著那討厭的狗，而且早上總待在牛欄裡，似乎擔心走出去就會招來攻擊。

這未免太過分了，所有讓賓果調整自己娛樂的方法都告失敗，他因此被迫徹底放棄這個工作。此後他雖然不敢把牛趕回家，但他還是在牛擠奶時，興致勃勃地趴在牛棚門前。

夏天一到，蚊子成了揮之不去的災難，而在擠奶時老鄧劇烈地擺動尾巴，這比蚊子更討厭。

負責擠奶的兄弟叫佛瑞德，腦筋靈活，卻沒有耐性，他想出一個簡單的辦法讓牛停止擺尾。他在牛尾上綁了磚頭，以為這樣就可以輕而易舉進行他的工作，不過我們大家都抱持懷疑的態度，在一旁等著看。

蚊陣中突然傳來一聲重擊，接著爆出連串咒罵。那頭牛依舊平靜地嚼著草，而佛瑞德卻跳起身來，氣呼呼地用擠奶凳打那頭牛。被一頭老笨牛用磚頭砸到頭已經夠倒楣了，旁觀者的哄堂大笑和揶揄更讓他吞不下這口氣。

賓果聽到這陣騷動，認為該是他出場的時候，因此衝了進來，由另一邊攻擊老鄧，在混亂中牛奶灑了，桶子和凳子也毀了，牛和狗都挨了頓毒打。

可憐的賓果完全搞不懂是怎麼回事。長久以來他一直都瞧不起那頭牛，這回他氣憤難當，下定決心再也不踏進牛欄一步。此後他只和馬打交道，除了馬廄，哪裡都不去。

牛是我養的，馬則屬於我的兄弟，既然賓果效忠的地點由牛欄轉到馬廄，他似乎也棄我而去，不再整天陪伴我。然而只要有緊急事件，賓果總

是會來找我，我也會找他，我們似乎都覺得人狗之情應該延續一生。

賓果這輩子另一次擔任牧牛犬，是在同年秋天，在一年一度的卡貝瑞博覽會上。博覽會提供了形形色色教人眼花繚亂的獎品，鼓勵大家為自家牲畜報名，其中有一項「最佳受訓牧羊犬」，如果能獲勝，除了很有面子外，還可獲得獎賞現金兩元。

受了損友慫恿，我幫賓果報了名。比賽當天，母牛一大早就被趕到村外的大草原，等比賽開始，她被指給賓果看，並且下令——「去把牛帶回來」，意思當然是要他把牛帶來給裁判臺上的我。

可是這傢伙自有主張。他和牛排練了一整個夏天，可不是玩假的。老鄧一看到賓果飛奔而來，就知道她唯一的脫身之道就是趕快回牛欄，而賓果同樣也很肯定，他此生唯一的使命就是讓老鄧加快步伐，朝那個方向而去。因此他們倆就你追我跑越過草原，像狼追鹿一樣，直奔兩哩外他們的家而去，消失在我們的視線中。

那是評審所見那隻狗和牛的最後身影，結果獎頒給除了我們以外的唯一參加者。

III

賓果對馬忠心耿耿，實在教人驚奇；白天他在他們身旁打轉，晚上則睡在馬廄門邊。馬群往哪兒走，賓果就跟到哪兒，任何事物都無法阻擋他如影隨形。這種想像的從屬關係很有趣，讓接下來發生的情況更顯特殊意義。

我並不迷信，也從不相信預兆，但發生在賓果身上的一件怪事卻教我印象深刻。住在狄溫頓農莊的只有我兄弟和我兩人，一天早上他要去沼澤溪載運乾草，那個地方很遠，來回要一整天，因此他一大早就準備出發。奇怪的是賓果有生以來頭一遭不肯跟去。我兄弟喊他，但他保持安全距離站定，只用眼睛瞄著馬隊，動也不動。突然他擡起鼻子朝空中發出憂傷的長號。他看著馬車走出視線，甚至還跟著走了百碼，不時以最悲哀的聲音號叫。一整天他都待在穀倉附近，這是他唯一一次自願和馬群分開，而且不時發出像死亡輓歌般淒厲的號聲。我獨坐一旁，被他搞得心神不寧，有種不祥的預感重重壓在心上，隨時間愈晚就愈嚴重。

大約六點時，我已經受不了賓果的號叫，忍不住拿東西砸他，把他趕走。啊，但我心中滿是恐懼！為什麼讓我的兄弟獨自出門？我還能看到他活著回來嗎？我早該由狗的舉動知道一定會發生什麼災難。

最後約翰應該回來的時刻到了，而他果然也坐在他所載的貨上回來了。我鬆了一大口氣，吆喝馬匹，裝作不經意地問他，「一路都平安嗎？」

「是，」他言簡意賅地回答。

誰說預兆就一定準的？

過了一陣子，我把這件事告訴一位對靈學頗有研究的朋友，他很嚴肅地說：「賓果危急時總是來找你？」

「是的。」

「那你別得意，那天置身危機的是你；他留下來，救了你的性命，只是你永遠不會知道原本要害你的是什麼。」

IV

一開春我就開始教育賓果，但很快的，他也開始教育我。

在我們的小屋和卡貝瑞村間那兩哩的草原中央，豎著農場的界樁；大老遠就能看到這塊釘在低土丘上的堅固標竿。

我很快就注意到，賓果每次走過，都會仔細檢視這個神祕的界樁，原來這附近的郊狼和狗全都會來這裡做記號，而我也藉著望遠鏡觀察多次，讓我對賓果的私生活有更深入的瞭解。

這個界樁是犬類一族公認的登記處，他們每隻都能憑藉靈敏的嗅覺，藉由留下的記號和痕跡，立刻就知道最近誰曾到此一遊。等雪降下，就會洩露更多天機，我這才發現整個信號系統涵蓋整片田野，這根界樁只是其中之一；簡言之，整個地區都布滿信號站，站與站隔著一段方便的距離，任何顯眼的柱子、石頭、牛骨或其他正好位於理想地點的物體，都可以拿來當記號。只要放眼觀察，就知道這是個非常完整的系統，可以提供並接收消息。

每隻狗或狼都會刻意到沿路附近的這些情報站拜訪，好知道誰最近來過此地，就像出遠門的人回到城裡會先去他所屬的俱樂部露個臉一樣。

我見過賓果走近這個界樁，東聞西嗅，四處察看，然後咆哮，豎起背上的毛，雙目炯炯，不屑地以後腳用力刨抓，最後才僵硬地走開，還不時地回頭往後瞄。這些姿態翻譯起來，意思是：「嘎！汪！麥家那隻髒兮兮的黃狗也來了。汪！今晚我去找他算帳。汪！汪！」

另一回，在做完前面的預備動作後，他興味十足地研究一隻郊狼來去的蹤跡，我後來才知道他在自言自語說：「從北邊來的郊狼腳印，聞起來像死牛，怎麼回事？一定是波渥斯家的老布終於死了，這值得好好調查。」

有時候他會搖尾巴，在附近疾走，來回一次又一次，讓自己來過的記號更明顯，這或許是為了他剛由布蘭登回來的狗兄弟比爾！因此一天晚上比爾出現在賓果家就不是巧合，賓果帶他到山坡上，大啖美味的死馬，正適合做為慶祝兄弟倆團圓的一餐。

有時他會突然因界樁上的消息而興奮，步上小徑，朝下一站奔去，探詢後面的情報。

也有時他檢查半天，卻只擺出一副莫名其妙的模樣，彷彿在對自己說：「老天爺，這究竟是誰？」或者，「這看來是我去年夏天在波泰吉河邊碰到的傢伙。」

這究竟是誰？

一天早上，賓果一接近界樁，所有的毛就都豎了起來，尾巴也垂下來直發抖，還露出胃突然不舒服的模樣，這全是恐懼不安的跡象。他一點也不想追蹤，更沒有多打探點情報的欲望，反而回到屋裡去。過了半小時，他的鬃毛還豎著，滿臉不知是憎恨還是害怕的神情。

我研究了一下他所畏懼的足跡，才發現若按賓果的語言，他因驚嚇而發出的深沉喉音，意思是「**大灰狼**」。

這些都是賓果教我的事，日後當我看到他由馬廄旁霜凍的窩裡起身，伸完懶腰，把雪花由蓬鬆的毛皮上抖落，再以穩定的小跑步橐橐橐地消失在陰暗中時，我總不免想：「啊！老狗，我知道你要去哪裡，也知道你為什麼避開小屋的庇護。現在我明白為什麼你每晚到曠野去的時間都算得這麼準，也懂得你怎麼知道去哪裡找你要的東西，以及何時和如何去尋覓。」

V

一八八四年秋，狄溫頓農莊的小屋關了，賓果也搬到我們最要好的鄰居戈登．萊特的地方去住——不過是搬去馬廄而非主屋。

打從賓果還是小狗的那個冬天起，他就再也不肯踏進房子一步，只有暴風雨時例外，他對打雷和槍聲有根深柢固的恐懼——對前者的害怕顯然源自於對後者的不安，而那又起源於某些對獵槍不愉快的經驗，其原因留待日後說明。他夜晚的睡榻在馬廄外，即使在最寒冷的天氣亦然，而且很容易就能看出他很享受隨之而來在夜間全然而完整的自由。賓果夜半在平原漫遊的範圍縱橫數哩方圓。他的行蹤有很多證據。有些距離很遠的農民傳話給老戈登說，如果他晚上不把狗關在家裡，就別怪他們用獵槍侍候，而賓果對槍的恐懼也顯示他們的威脅並非說說而已。曾有個住得遠在派特洛的人說，有個冬夜，他看到一隻大黑狼在雪地上殺死一隻郊狼，不過後來他改了說法，認為「那一定是萊特的狗」。只要草原上有牛馬凍死的屍體，賓果晚上就一定會趕到那裡，把郊狼通通趕開，大快朵頤。

有時他夜晚出擊的目的不過是和遠處鄰居的狗打上一架，雖然他們互相威脅要報仇，但似乎不必擔心賓果會因沒機會傳宗接代而絕後。有人甚至信誓旦旦說，他看到一隻郊狼帶著三頭小狼，小狼都像媽媽，可是卻又大又黑，而且嘴上還有一圈白紋。

這是真是假不得而知。但在三月底，我們乘雪橇出遊，賓果跟在後頭，驚動了一隻郊狼，他由洞裡竄出來，賓果激烈追逐，可是這隻狼卻沒有全力奔逃，沒多遠賓果就趕上前去，古怪的是，他們沒有扭打、沒有搏鬥！

賓果親熱地和郊狼併肩小跑，還舔狼的鼻子。

我們都目瞪口呆，大喊要賓果給他好看。我們幾次吶喊和逼近，把狼嚇得全速奔逃，賓果再度追上去，把他壓倒在地，但他的溫柔實在是顯而易見。

「那是隻母狼，賓果不會傷害牠，」我終於想通了，戈登則說：「真是

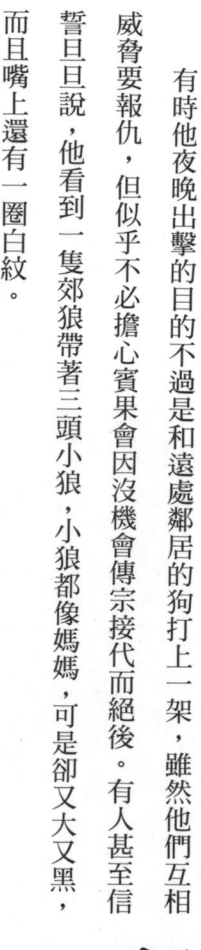

賓果和母狼。

意想不到啊。」

於是我們喚回了那隻不情願的狗，繼續往前。

此後數週，有隻郊狼老是來打家劫舍，吃了我們的雞，偷走掛在房子一隅的豬肉，還有幾次趁大人不在，由窗戶朝小屋裡望，把孩子們都嚇得魂不附體。

賓果對這隻動物似乎完全不設防。最後這隻母狼被殺，下手的人是奧立佛，賓果明明白白地表現對他的憤恨。

VI

人與狗能相知相惜，患難與共，是多麼奇妙美好。布特勒曾說過一個故事，在遙遠的北方有個原本團結的印第安部落，卻因一個人的狗遭鄰居殺害而引起爭端，最後兩敗俱傷，全族滅亡；我們之間也常因狗而興訟、打架，甚至結仇致死，這全都基於同樣的教訓：「愛我，就要愛我的狗。」

我們有個鄰居養了隻很棒的獵犬，在他心目中是世界上最好最親的狗。我愛我的鄰居，所以也愛他的狗。一天，可憐的老黃遍體鱗傷地爬回家來，死在門邊。他主人口口聲聲要為他復仇，我也義憤填膺地附和，並竭盡所能追查歹徒，一邊懸賞，一邊搜集蛛絲馬跡。最後很顯然是南邊三個人當中的一個幹了這件殘酷的事。事態愈來愈明顯，我們馬上就要和那個殺害可憐老黃的卑鄙傢伙算帳，至少也該討個公道。

但接著卻發生了一件事，立刻讓我改變心意，讓我覺得害死一隻老狗絕非什麼不可寬恕的罪行，再轉念一想，更覺得這沒什麼大不了的。

戈登．萊特的農場就在我們南邊，有天我到那裡去，小戈登知道我在找殺狗凶手，把我拉到一邊去，鬼鬼祟祟四下張望後，以悲傷的語調低聲道：「是賓果幹的。」

事情就這麼不了了之，我得坦承，從那一刻起，我就盡力阻擋先前我全力要討回的公道。

儘管我很早就把賓果送人，但他屬於我的那種感覺並沒有消失；而不久後，他也以另一個重要的實例，說明人狗間這種永誌不渝的情誼。

老戈登和奧立佛是近鄰也是密友；他們一起承包伐木合約，合作無間直到暮冬。後來奧立佛的老馬死了，他決定要物盡其用，就把馬的屍體拖到草原上，下了毒餌要毒附近的狼。唉，可憐的賓果！他喜歡過著狼的生活，卻一次又一次惹上狼的災禍。

他和他野生的同類一樣愛吃死馬，就在那天晚上，他和萊特的愛犬捲毛一起去死馬屍骸的所在地，賓果可能忙著驅趕狼群，而捲毛則毫無節制地開懷大嚼。雪裡的足跡說明了盛宴的來龍去脈；毒藥發作打斷了他的大餐，雜亂的步伐顯示了陣陣可怕的疼痛，一路歪歪倒倒地回到家，捲毛抽搐著倒在戈登的腳下，因極度的疼痛而死。

捲毛狼吞虎嚥，賓果在一旁把風。

「愛我，就愛我的狗。」任何解釋或道歉都不能被接受，再怎麼辯解說是意外也無濟於事；新仇再加上賓果和奧立佛的舊恨，伐木的合約被撕毀，雙方絕交了。捲毛瀨死的悲號立刻使雙方誓不兩立，劍拔弩張，結下不共戴天之仇。

賓果花了好幾個月才由毒性中恢復，我們以為他不會再像以往那般強健，但隨著春天來臨，他也有了力氣，而且隨著青草生長，身體也愈來愈好。幾週內他又恢復健康活力，再度讓他的朋友引以為傲，而鄰居不堪其擾。

VII

因為一些變化，我離開了曼尼托巴，等我一八八六年回來時，賓果依舊是萊特家的一員。我以為自己兩年不在，他一定已經把我忘了，但並非如此。冬日裡的一個清晨，他在失蹤四十八小時後爬回萊特家，一隻腳上緊緊纏著一個捕狼夾和一根厚重的圓木，這隻腳已經凍得硬梆梆，像石頭一樣。他野性大發，沒有人能靠近並幫助他，而現已成為陌生人的我彎下腰來，一手拉住捕狼夾，另一手握著他的腿，他立刻一口咬住我的手腕。

我不動聲色地說，「賓果，你不認得我了嗎？」

他沒有咬破我的皮，而且立刻放開我，不再反抗，雖然在我幫他除去捕狼夾時，他哀號得厲害。儘管他換了住處，我又很久沒有現身，但他還是認我為他的主人，而即使我已經把他送人，也依舊覺得他是我的狗。

儘管賓果極不情願，還是被扛進了屋內，他冰凍的腳也恢復暖和。整個冬天他都一跛一跛的，兩隻腳趾也脫落了，但在天氣還未回暖之前，他的健康和體力已經完全恢復，如果不細看，根本看不出任何跡象，顯示他曾陷在鋼製陷阱中的可怕經歷。

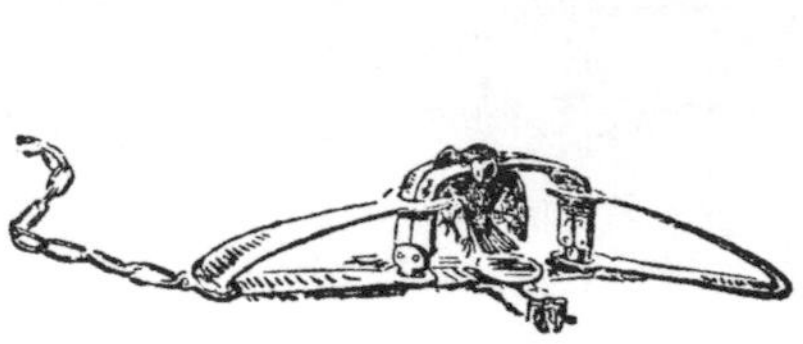

VIII

就在那個冬天，我捉到許多狼和狐，他們不像賓果那麼幸運能逃脫陷阱。我把捕狼夾一直放到春天，因為即使他們的毛皮價格不高，賞金卻很豐厚。

甘迺迪平原一向是設陷阱的好地方，因為人跡罕至，而且它就在茂密的樹林和屯墾區之間。我有幸在這裡得到許多毛皮，因此到四月底時，也如常騎馬來此一巡。

捕狼的陷阱是用沉重的鋼鐵製成，有兩個彈簧，各有一百磅的力道。它們四個一組，放置在埋下的誘餌周圍，而且緊緊綁在隱密的圓木樁上，再用棉花和細沙仔細蓋住，所以完全看不出來。

一隻郊狼陷在其中，我用木棒打死他，把他扔在一旁，走上前去重設陷阱，這個動作我已經做過千百次了，很快就完成一切，我把扳手往小馬那裡一扔，正好看到一旁有細沙，就順手抓了一把，想把陷阱掩藏得更隱密。

啊！這真是太倒楣了，我因為過於熟練而粗心大意！**那細沙正在下一個陷阱的上方**，因此我立刻就成了囚犯。雖然陷阱沒有牙齒，我又戴著厚厚的工作手套，所以沒有受傷，但我自指關節以上，牢牢地被卡在陷阱中。對此我缺乏警覺，想用右腳去鉤扳手。我面朝下全身伸直，努力朝那個方向移動，把被困的手臂盡量拉長打直，但我不能同時向下看又把右腳伸直，只能靠著腳趾頭感覺是否碰到能開啟枷鎖的小小鐵鑰匙。我的第一次嘗試失敗了；不管我伸得多長，腳趾就是碰不到鑰匙。我緩緩地在我的錨周圍擺動，但還是失敗。接著我使勁扭身往下一瞧，原來我太靠西邊，所以我調整方向，盲目地用腳趾探觸，想要找到鑰匙。就這樣用右腳漫無目的地摸索，忘了還有其他的陷阱，直到「噹啷」一聲，第三號陷阱的鐵口也緊緊扣住我的左腳。

起初這個恐怖的狀態還沒怎麼嚇到我，但很快我就發現，不論我怎麼掙扎都是徒勞。我無法擺脫這其中任何一個陷阱，也無法讓兩個陷阱靠攏，因此我伸長身體平躺著，被死死釘在地面上。

接下來我會怎麼樣呢？寒冷的天氣已經結束，因此我不至於凍死，但冬天的伐木工人卻從來不會到甘迺迪平原。沒人知道我來這裡，除非我能夠自行脫困，否則別無指望，只能被狼吃掉，或因饑冷而死。

我躺在那裡，火紅的太陽由平原西邊的杉木沼澤落下，幾碼外地鼠丘的一隻百靈鳥啁啾唱出他的晚安曲，就像我們夜晚在小屋門前唱的一樣。雖然教人麻木的疼痛漸漸爬上了手臂，也感到致命的涼意，但我卻注意到他的耳羽多麼長。接著我的思緒回到了萊特小屋和樂融融的餐桌上，我想，他們現在一定在炸肉排準備晚餐，或是坐著聊聊天。

我剛才已經把小馬的籠頭解下放在地上，他站在一旁，耐心地等著載我回家。他不明白為什麼耽擱了這麼久，我呼喚他，他停止吃草，只是愣愣地望著我，一臉迷惑。要是他現在回家，空蕩蕩的馬鞍可能會讓大家明白出事了並趕來幫忙，但他卻忠心耿耿，等待了一個小時又一個小時，而我卻因寒冷和饑餓而愈來愈衰弱。

接著我又想起施放陷阱的老紀是怎麼失蹤的，次年春天他的同伴才發現他的屍骨，因為他的腿被卡在捕熊陷阱裡。我擔心大家憑著我身上的衣服能否認出我的身分，但接著我腦海又浮起一個新的念頭，原來這就是狼陷入陷阱後的感受。喔！我造了多少孽啊！現在輪到我付出代價了。

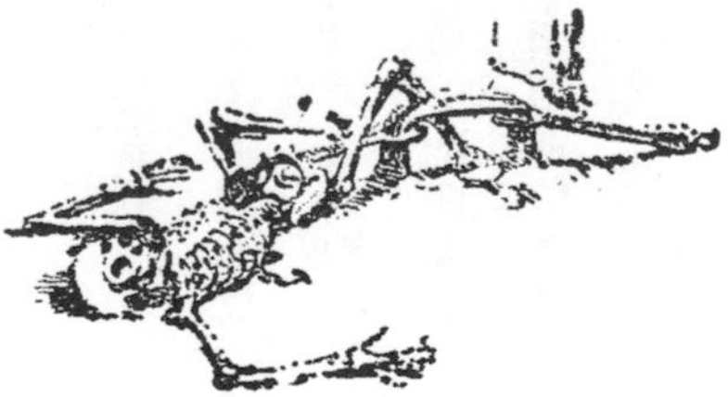

夜幕慢慢降臨，一隻郊狼嗥叫起來，小馬豎起耳朵，走到離我更近的地方，垂頭站著。接著另一隻郊狼也在嗥叫，接著又一隻，我可以猜想他們在附近聚集，俯臥在那裡的我卻動彈不得，不知道他們會不會來把我撕成碎片。我聽到他們嗥叫了很久，才發現有模糊幽暗的形影悄悄走近。馬先看到他們，他驚慌的噴氣讓他們退了回去，但下回他們走得更近，在草原上圍著我坐下。沒多久，一隻比較大膽的郊狼爬了上來，用力拖拉他死去親族的遺體。我大吼大叫，他則咆哮退後。小馬害怕地跑向遠處。沒多久郊狼又回來了，這樣來來回回兩三次後，死狼被拖走，幾分鐘內就被其他的郊狼吃個精光。

之後他們愈靠愈近，坐下來盯著我，最大膽的那隻嗅了嗅來福槍，抓了抓槍上的塵土。我一邊大喊，一邊用還能動的那隻腿踹他，他撤退了，但隨著我愈來愈虛弱，他也愈來愈大膽，直逼到我眼前齜牙咆哮。其他幾隻見狀也咆哮進逼，我意識到自己即將被最瞧不起的仇敵所吞噬；就在此刻，暗處傳來發自喉嚨深處的低吼，一隻大黑狼竄了出來。郊狼立刻像碎穀糠般四散，除了膽子最大的那隻，他被新來的大黑狼逮住，片刻就成了在地上拖行的死屍，接下來，喔！多麼恐怖！這隻凶猛的畜牲鎖定了我，而——賓果——了不起的賓果，把他毛茸茸喘吁吁的身體靠著我，猛舔我冰冷的臉龐。

「賓果——賓果，老小子——去把那個扳手拿來！」他跑去把來福槍拖過來，因為他只知道我要東西，卻不明白究竟要什麼。

「不是——賓果——扳手。」這回他拖來了我的肩帶。但最後他拖來了扳手，並且因為自己這回猜對了，高興地猛搖尾巴。我伸長自由的那隻手，費了九牛二虎之力，終於把螺絲鬆開。陷阱解體，我的手抽了出來。一分鐘後，我自由了。賓果帶著小馬過來，我緩緩走動讓血液流通，之後終於上了馬，起先徐徐地走，接著很快地放馬疾馳，賓果則成了傳令官，在前面吠叫，朝著家裡飛奔。到家後，我才聽說這隻英勇的狗從前一夜就坐立難安，雖然我去巡視陷阱時從沒有帶過他，但他卻不停地哀鳴，一直凝視著林徑。等到夜晚終於降臨，儘管大家要他待在屋內，但他還是在暗夜裡出發，憑著我們所不瞭解的知識，來到我受困的地點，及時為我復仇，讓我自由。

忠誠的老賓果——他是隻怪狗。雖然他心繫著我，但第二天經過我身旁卻正眼也不看我，倒是小戈登喚他去獵地鼠時，他歡天喜地跑去了。一直到最後都是如此，而他也一輩子過著他所愛的像狼一樣的生活，常常去尋覓凍死的馬屍。但他有次卻找到一具被下毒餌的殘骸，狼吞虎嚥之後腹痛如絞，於是撒腿狂奔，不是去萊特家，而是來找我，來到我應該在的小屋門口。第二天我回來才發現他已經死在雪堆裡，頭放在門檻上——他還是小狗時的那扇門；在我的狗的內心深處——在他極度的痛苦中，他尋求的是我的援助，只可惜一切都是枉然。

The Springfield Fox

春田狐

春田狐

I

一個多月來，我們家的母雞接二連三離奇失蹤；回春田過暑假的我責無旁貸，要找出原因。謎底很快就揭曉了，這些家禽是在回雞棚棲息前，或離開雞棚後，一次一隻被偷走的，因此不可能是流浪漢或鄰居；他們並非在高枝上被攫走，因此洗刷了浣熊和貓頭鷹的嫌疑；也沒有被吃掉一半的殘軀，所以不是黃鼠狼、臭鼬或貂幹下的好事。這麼看來，這筆帳該算在狐狸頭上。

河對岸就是艾林谷的大松林，我仔細觀察淺灘上的蹤跡，看到了一些狐狸腳印和一根由我們家蘆花雞身上落下的橫紋羽毛。我爬到更遠的岸邊追查線索，卻聽到身後的烏鴉大聲叫嚷，回頭只見許多烏鴉往淺灘上的某個東西猛衝。再凝神細看，才發現上演的正是做賊的喊抓賊這套老劇碼，原來淺灘中央有隻狐狸，嘴裡叼了東西——他剛由我們的穀倉回來，帶著另一隻母雞。烏鴉本來就是無恥的劫匪，雖然他們領頭高喊「捉賊」，其實是打算收「封口費」，從戰利品中分杯羹。

這就是他們正在玩的把戲。狐狸要回家就一定要過河，但在河中央卻暴露在烏鴉暴徒的威脅下。他全力猛衝，要不是我也加入戰局，一定早就帶著戰利品得逞了，但現在他只好拋下半死的母雞，消失在樹林裡。

這麼大量而頻繁的徵收糧食，還整個打包帶走，只意味著一件事，那就是他家養了一窩小狐狸；這回我不得不把他們找出來。

當天晚上我帶著我的獵犬藍吉過河，進了艾林谷的樹林。這隻獵犬才剛開始兜圈，附近林木茂密的溪谷就傳來短促而尖銳的狐狸叫聲。藍吉一個箭步衝上去，聞到新鮮的狐狸氣味，立刻興致勃勃窮追不捨，直到他的聲音消失在遠處的高地。

近一小時後，他才回來，氣喘吁吁，渾身發熱，趴在我腳邊，因為此時正是暑氣逼人的八月天。

但他還沒坐定，同樣的狐狸「**呀嗚**」之聲又從附近傳來，這狗一躍而起，再度追逐。

他竄進黑暗中，像霧角一般長號，朝正北方而去，響亮的「**汪汪**」變成了低沉的「**嗷嗷**」，最後變成微弱的「**嗚嗚**」，終於聽不見了。他們一定是跑到幾哩之外，因為即使我把耳朵貼在地上，依舊什麼也聽不到，而通常在一哩方圓內，很容易就聽見藍吉嘹亮的吠聲。

就在黑暗的樹林裡等待時，我聽見悅耳的水滴聲：「**滴克坦克唐克丁克，塔丁克坦克唐克冬克。**」

我不知道這附近有泉水，在燠熱的夜裡，能找到流水教人欣喜。但這聲音帶我走往一株橡樹的樹枝，我在那裡發現了它的源頭。那是輕柔而甜美的歌聲；在這樣的夜裡意味深長：

冬克坦克當克丁克
答丁克克阿冬克阿坦克阿丁克阿
塔塔丁克坦克塔塔冬克丁克
津克阿坦克阿津克阿莊克

這是鋸鋸梟的「滴水」歌。

突然間，又聽到深沉而沙啞的呼吸聲，葉子沙沙作響，藍吉回來了。他筋疲力竭，舌頭幾乎拖到地上，滿口泡沫，他的側腹上下起伏，泡泡由他的胸前和兩側流下。他暫停喘氣，規規矩矩地舔了一下我的手，然後啪嗒一聲倒在葉子上，粗重地呼吸淹沒了其他一切聲響。

可是那難以捉摸的「**呀嗚**」之聲，又出現在幾呎外，我靈光一閃，瞭解了這其間的意義。

我們離小狐藏身的洞穴已近，狐狸爸媽輪流上陣，想把我們引開。

現在已夜深人靜，因此我們先打道回府，心想這個問題已差不多解決了。

II

附近的人都知道有隻老狐狸，帶著一家子在這個地區做窩，只是沒人料到竟然有這麼近。

這隻狐狸叫「疤面」，因為由他的眼睛一直到耳後有一道傷疤；這應該是他在追兔子時撞上刺網籬笆留下的傷痕，等傷好再長出來的毛都是白的，因此是很明顯的記號。

前一年冬天我曾碰上他，這裡不妨舉個例子說明他的狡滑。降雪後，我出外打獵，越過開闊的田野，到老磨坊後方長滿樹木的山谷。正當我擡頭仰望山谷全景時，卻看到在另一頭遠方，有隻狐狸正快步疾走，他的路線即將和我的交叉。當下我立刻動也不動，甚至不敢低頭或轉頭，以免因為我的動作引起他的注意，直到他走出我的視線範圍，消失在下方茂密的草叢裡。一等他不見蹤影，我就往下衝，趕到草叢另一頭他該出現的地方去攔截他，可是等了半天，狐狸卻沒有出現。我仔細一瞧，看到狐狸剛由草叢裡躍出來的新鮮腳印，順著腳印，我看到疤面遠遠地在我身後，坐在射程之外，露出牙齒，興致盎然。

我研究他的足跡，馬上真相大白。原來在我看到他的那一剎那，他也看到我了。而

他，就跟貨真價實的獵人一樣不動聲色，擺出毫無所覺的模樣，直到走出我的視線之外，他才趕緊逃命，繞到我身後，看著我的計謀胎死腹中、顧盼自得。

春天的時候，我再次領教了疤面的狡黠。我和朋友正沿著路穿過高高的草地，山脊上有幾塊灰棕色的大石，在離山脊不到三十呎時，朋友說，「我覺得第三塊石頭很像有隻狐狸蜷縮在那裡。」

可是我看不出端倪，我們走過還沒多遠，一陣風吹在石頭上，似乎掀起了毛皮。

我的朋友說，「我很確定那是一隻狐狸，正躺著睡覺。」

「馬上就可見分曉，」我邊答邊轉身，但才走了一步，疤面就一躍而下，拔足飛奔，原來這隻狐狸就是他。草原中央曾經發生大火，留下一大片焦黑；他越過這裡疾走，直到再度來到未曾著火的黃草才蹲下來，肉眼難以分辨。原來他一直都在觀察我們，要不是我們準備回頭，他根本就不會動。這其間最妙的事情，並不是他像圓石和乾草，而是

他知道他像，並且善加利用好占便宜。

我們很快就發現把我們的樹林當成他們家、把我們的穀倉當成他們補給站的，是疤面和他的妻子薇克森。

次日早上，大家在松林中一陣搜索，發現在幾個月內被堆起來的一堆土，一定是有地方被挖了洞，可是我們卻找不到。大家都知道真正聰明的狐狸在挖新的巢穴時，會把挖出來的土填回原本的洞穴裡，並且再挖一條隧道，通往遙遠的草叢，然後把最先挖的明顯洞口填平，只用隱藏在草叢裡的洞門出入。

因此我在一個土丘的另一頭搜索了一下，發現真正的洞口，證明裡面的確有一窩小狐狸。

在山坡樹叢邊有株高聳的空心椵樹，它傾斜得很厲害，樹底下有個大洞，樹頂則有個小洞。

我們小時候常把這株樹當成《海角一樂園》[1]小說裡的樹屋，扮演書中的角色，在它鬆軟有彈性的樹壁上切出臺階，方便我們在空心樹幹中跑上跑下。現在它正好派上用場，第二天趁著豔陽高照，我到那裡去觀察，由樹頂居高臨下，很快就看到住在附近地窖的那個有趣家庭。一共有四隻小狐狸，奇怪的是他們看來就和小羊沒什麼兩樣，毛茸茸的外皮，又長又粗的腿和天真無邪的表情，可是再仔細一瞧，就可以看出他們寬臉上的尖鼻子和銳利的眼光，顯示這些小天真將來都會長成老謀深算的大狐狸。

他們沐浴在陽光下四處玩耍，或互相角力，一有任何動靜，他們就飛奔躲到地底。然而他們的緊張純屬多餘，因為來的是他們的媽媽；她由樹叢中走出來，帶著另一隻母雞——算來是第十七隻了。她低喊一聲，小傢伙就跌跌撞撞地跑出來，這一幕情景我雖覺得可愛，但我叔叔一定會大發雷霆。

他們衝向母雞，和她扭打搏鬥，互相你推我擠，做媽媽的則一邊提高警覺注意敵人，一邊則滿心歡喜地凝視著小狐狸。她臉上的表情特別吸引人，先是愉悅的微笑，接著又恢復她平常的野性和狡猾，更有著殘酷和擔憂，但綜合起來是做母親的心滿意足，絕對錯不了。

我這株樹的底部隱藏在樹叢間，比狐狸洞穴所在的小丘低得多，因此我可以來去自如，不會驚嚇到狐狸。

多日以來我都去那裡，看到小狐狸的訓練過程。他們很早就學會一聽到奇怪的聲響就立刻變成小小的雕像，如果再聽到一次，或有什麼教他們恐懼的理由，就趕快找地方躲起來。

有些動物母愛洋溢，讓外人也沾光受惠，但老薇克森恐怕不是這樣。她對小狐狸的愛是最工於心計的殘酷，因為她常帶活生生的老鼠和小鳥回家，抱著惡魔般的溫柔用心，盡量不傷害他們，好把他們留給小狐狸折磨。

有隻土撥鼠住在山坡上的果園裡，他既不英俊也不風趣，可是他知道如何自保。他在一株老松樹殘樁的根部掘了一個洞，讓狐狸沒辦法挖洞跟隨，不過狐狸的生活方式原本就不是埋頭苦幹；他們覺得聰明才智的價值遠勝於勤奮刻苦。這隻土撥鼠每天早上常會在樹樁上曬太陽，如果看到狐狸出現，他就溜進洞門，要是敵人太接近，他就躲入洞內，直到危險消失。

他們你推我擠和母雞扭打搏鬥，做媽媽的則滿心歡喜地凝視。

一天早上，薇克森和她的伴侶似乎認為，該是讓孩子們對土撥鼠這門大學問有所瞭解的時候了，而果園裡的這隻土撥鼠正適合當成教材，於是他倆趁著樹樁上的土撥鼠不備，一起來到果園圍籬。接著疤面在果園裡現身，悄悄在園內走動，隔著遠遠一段距離走過樹樁，但卻一次也沒回頭，讓全神戒備的土撥鼠以為他沒有發現自己。等狐狸走進野地，土撥鼠就靜靜地跳下洞口，他原本就在這裡等狐狸走遠，但轉念一想，又覺得還是謹慎點好，因此進了洞裡。

兩隻狐狸等的就是這一刻。薇克森一直躲在一旁，現在她迅速跑向樹樁，躲在後面。

疤面則直直朝前走，速度放得十分緩慢。土撥鼠方才並沒有受到驚嚇，因此沒過多久，他的頭就由樹根中探了出來，四處張望。那隻狐狸還在那裡向前走，愈來愈遠。他一走遠，土撥鼠的膽子就大了起來，看到危險已經過去，他再爬上樹樁，這時薇克森縱身一躍，一下就把他攫住，左搖右晃直到他不省人事。疤面一直用眼角餘光盯著一切，現在他跑了回來，但薇克森已經把土撥鼠啣在嘴裡，趕回窩裡去，所以他知道自己不用插手。

薇克森回到窩裡，她一路上小心翼翼地啣著土撥鼠，因此到家時他還能略微掙扎。她低低地「嗚」了一聲，小傢伙們就像小學生一樣跑出來玩耍。她把這隻受傷的動物拋給他們，他們一躍而上，就像四個小小的憤怒女神，發出稚嫩的咆哮攻擊，使盡吃奶的力氣小口咬去，但土撥鼠拚命掙扎，把他們全都逐退，蹣跚地爬到草叢裡躲避。小狐狸就像一群獵犬般死命追逐，拉他的尾巴和側腹，可是沒法把土撥鼠拉回來。於是薇克森上前給了他幾記，再把他拖回開闊的地方，好讓小傢伙去忙。這粗暴的遊戲一次又一次上演，直到一隻小狐狸被咬得厲害，他疼痛的哀鳴惹得薇克森心頭火起，上前結束了土撥鼠的苦難，立刻拿他上菜。

離狐狸窩不遠處有個坑，上面長滿了野草，這是一群田鼠的遊戲場，小狐狸出了窩，最早的野外求生技巧就在這個坑裡進行。他們在這裡學到關於田鼠的第一課，這是所有打獵技巧中最容易的一種。要教導他們，最重要的是親自示範，再加上根深柢固的本能。老狐狸同樣也有一兩種表示「乖乖坐好看」和「來，跟著我做」等常用的姿勢。

於是一個靜悄悄的夜晚，這歡樂的一行就來到這個坑。狐狸媽媽要他們靜靜地趴在草叢裡。他們馬上就聽到細細的尖叫聲，顯示獵物正在活動著。薇克森站起來，躡手躡腳地走進草叢，她並沒有採取蹲伏姿勢，而是盡可能站高，有時還踮起後腳，才能看得更清楚。老鼠跑的路徑隱藏在草叢中，要知道他們究竟在哪裡，得憑小草最輕微的搖動判斷。這就是為什麼唯有在最平靜的日子裡才能捉到老鼠的原因。

抓老鼠的訣竅就是找出老鼠的位置，先捉住他，接著才能看到他。薇克森很快躍起身來，由枯草堆裡抓到一隻正發出最後叫聲的田鼠。

他很快就被吞下肚去。四隻笨拙的小狐狸看到媽媽的榜樣，也想如法炮製。好不容

薇克森教小狐狸怎麼抓老鼠。

易最長的那隻有生以來頭一遭抓到了獵物，他興奮地直發抖，用他像珍珠一樣的小乳牙咬進老鼠的身體，他天生的野性必然讓自己也大吃一驚。

另一個家庭作業的教材則是一隻紅松鼠。這種吵鬧的低等生物，有一隻就住在附近，每天都會浪費時間在安全的高枝上咒罵狐狸。小狐狸試了很多次，想趁他由林間空地上的一棵樹跳往另一棵時抓住他，或在他和他們保持一呎遠的距離恣意謾罵時活逮他，但都徒勞無功。不過老薇克森對自然史瞭然於心——她懂得松鼠的天性，只待適當時機出手。她把孩子們藏起來，自己平躺在空曠的林間空地中央，這莽撞又卑鄙的松鼠如同平常一樣跑出來碎碎唸，但母狐狸動也不動，松鼠愈靠愈近，最後在狐狸頭上直嘀咕：「妳這畜生，妳這畜生。」

「妳這畜生！」

可是薇克森好像死了一樣地躺著，這讓松鼠大惑不解，因此他從樹幹上爬下來，朝四方偷窺，然後緊張地衝過草地，爬上另一棵樹，再度由安全的高枝上咒罵起來。

「妳這畜生，妳這沒用的畜生，嘎啦啦啦—嘎啦啦啦。」

可是薇克森還是平躺在草地上，毫無生氣，這對松鼠是莫大的誘惑。他性好冒險，天生就好奇，因此他再度爬下來，疾走越過草地，這回比上一次更近。可是薇克森還是像死了一樣，「她一定是死了。」小狐狸也開始疑惑他們的母親或許不是在睡覺。

松鼠好奇心大發，舉止也開始莽撞，他把一片樹皮扔在薇克森頭上，也說盡了所有壞話，甚至還重來一遍，卻看不出薇克森有生命的跡象。他又在空地來回跑了幾次，靠到其實正聚精會神的薇克森身邊幾呎，薇克森一躍而起，轉瞬將他攫住。

「於是小傢伙們就揀起了骨頭，伊—歐。」

他們的教育就這樣打下基礎。後來等他們更強壯，就被帶到更遠的曠野，展開更高階的追蹤和嗅聞。

對每種獵物，他們都學到一種打獵的方法，因為每種動物都有長處，否則就無法生存，但他們也各有些弱點，否則其他動物就無法生存。松鼠的弱點就是愚不可及的好奇，狐狸則是無法爬樹。小狐狸的訓練要領就是利用其他生物的弱點，並且更靈活地運用自己的優點，來彌補自己的不足。

小狐狸由父母那裡學到了狐狸世界的原則，怎麼學的，很難說，但他們是隨著父母學到這些則毋庸置疑。下面是狐狸雖然一個字也沒說，卻教會我的事：

「於是小傢伙們就揀起了骨頭，伊—歐。」

絕不要睡在你直走的路上。
鼻子生在眼睛前面，因此你要先相信它。
傻瓜才順風跑。
小溪的流水能解決許多問題。
如果能有掩蔽，就絕不要暴露自己。
如果能走曲折的路徑，就絕不要走直線。
如果感覺奇怪，就一定有問題。
塵土和水會抹掉氣味。
絕不要在兔子草叢裡獵老鼠，或是在雞場裡獵兔子。
不要踩在草地上。

這些原則的主旨涵義早已灌輸到小狐狸的腦袋裡——因此「絕不要跟隨你聞不到的東西」就是個睿智的做法，因為如果你聞不到對方，那麼風的方向一定會讓對方聞到你。

他們一個一個把家附近樹林的鳥獸都摸熟了，接著就隨父母到外面去學習新的動物。

他們剛以為自己已知道所有會動的生物的氣味，但一天晚上，狐狸媽媽帶他們去一個地方，地上有個看來陌生的扁平黑色物體，媽媽刻意帶他們來聞它的味道，可是才吸了第一口氣，他們就寒毛直豎，渾身發抖。他們不明白為什麼——只覺得全身血液翻騰，直覺讓他們滿心仇恨和恐懼。狐狸媽媽看到收了全效，才告訴他們——

「這就是人的氣味。」

III

在這段期間，母雞還是不斷失蹤。我沒有透露小狐狸的窩巢，老實說，比起母雞，我還更關心這些小壞蛋；但是叔叔暴跳如雷，對於我在林間野外的打獵本事也破口大罵。為了讓他消氣，我終於找了一天，帶著獵犬越過田野，到了對面的樹林，坐在開闊坡地的樹樁上，要狗繼續向前。不到三分鐘，他就以所有獵人都再熟悉不過的聲調唱出，「狐狸！狐狸！狐狸！狐狸！就在山谷下面。」

過了一會兒，我聽到他們回來了，也看到狐狸——疤面輕快地大步慢跑，越過通往小溪的河床。他跳進小溪，沿著岸邊的淺水小跑約兩百碼，接著出了小溪，迎面朝我而來。雖然我就在他眼底下，但他卻沒看到我，反而爬上山坡，回身注意獵犬。就在離我十呎處，

他轉身背對我坐下，伸長脖子，對獵犬的行動全神貫注。藍吉沿著狐狸走的小徑吠叫，直到溪水前方，這氣味的殺手讓他不知如何是好；只有一個辦法，那就是在兩岸上下來回搜尋狐狸離開水的地方。

我面前的狐狸變換一下姿勢，好看得更清楚。他像人一樣津津有味地看著獵犬繞來繞去。他近在咫尺，我可以看到在狗逼近時，他肩上的毛微微豎了起來，我可以看到他的心臟在胸腔裡悸動，以及黃色眼睛閃現的光。狗因溪水的花招而一籌莫展時，疤面的模樣看來十分滑稽：他沒法安靜坐著，而是興奮地上下跳動，並用後腳站立，想看清這隻步履沉重緩慢的獵犬的動靜。他的嘴幾乎咧到了耳邊，雖然並沒有喘不過氣來的理由，他卻有片刻大聲喘息，說不定是在哈哈大笑，就像狗咧嘴喘氣而笑那樣。

老疤面興高采烈地蜿蜒前進，那隻獵犬則細細搜尋狐狸的蹤跡，他花了太多時間，最後雖然找到了，但味道已經太淡，幾乎無法再繼續追蹤，再怎麼用舌頭舔也沒有用了。

獵犬一往山坡爬來，狐狸就悄悄溜進樹林。儘管我明明就坐在十呎開外，可是背風，而又靜止不動，因此這隻狐狸根本不知道：有二十分鐘他的性命就在他最恐懼的敵人掌握之中。藍吉原本也可能像狐狸一樣經過我身旁而不自知，但我喚住他，他嚇了一跳，放棄追蹤，乖乖過來躺在我的腳邊。

這小小的喜劇就這麼大同小異地上演了幾天，可是由河對岸的房子卻可以看得一清二楚。我叔叔受不了每天都有母雞失蹤，終於親自上陣，坐在開闊的小丘上，等老疤面再次小跑到他的瞭望臺去觀賞下面河邊的那隻笨狗，且因新的勝利而興高采烈時，我叔叔冷酷無情地由他背後開了槍。

IV

可是母雞依舊繼續失蹤。叔叔怒不可遏，決心親自指揮戰局，在整個樹林裡布滿毒餌，托天之幸我們自家的狗並沒有中毒。他對我在野外的本領嗤之以鼻，每天晚上都帶著槍和兩隻狗出門，去看他能打到什麼。

薇克森很清楚毒餌的作用；她對它們視若無睹，不屑一顧，除了一個，她把它丟進宿敵——一隻臭鼬的洞裡，此後再也沒看到那隻臭鼬的蹤跡。先前總是由疤面負責對付狗，引開他們以免出事，但現在薇克森得挑起整窩小狐的重擔，她不能再花時間毀掉每個通往窩巢的腳印，也不能時時都在附近迎戰或誤導過於接近的仇敵。

結局可想而知。藍吉跟蹤新鮮的腳印來到狐穴，獵狐犬小花則大聲宣揚小狐狸全都在窩裡，接著又使出全力要跟進去。

祕密已經暴露，小狐狸全部在劫難逃。雇來的工人上前用鋤鎬和鏟子要把他們挖出來，而我們和狗則站在一旁。老薇克森很快由附近的樹林裡現身，領著狗順河而下，到她覺得差不多的地方，就跳上羊背，輕輕鬆鬆就把兩隻狗甩掉。受了驚嚇的羊拔腿跑了幾百碼，薇克森才跳下來，心知她的氣味有一大段空白，狗絕對嗅不出她的蹤跡，這才回到巢穴，可是那兩隻狗因為找不到蹤跡，也很快就回頭，正巧發現心急如焚的薇克森在附近徘徊，努力想把我們由她的寶貝附近引開，卻白費力氣。

在此同時，派迪使勁揮著鋤頭和鏟子，黃色的沙土堆在兩旁，這掘土人結實的肩膀已經沉到地平面下。母狐狸焦急地在樹林裡逡巡不去，不時穿插著兩狗瘋狂追逐她的插曲。過了一小時，派迪喊道：「好傢伙！他們在這裡。」

地洞的末端就是狐狸的窩巢，使盡全力縮在最後方的，就是四隻毛茸茸的小狐狸。

我還來不及阻止，鏟子就重重一擊，再加上凶猛的小獵狐犬突擊，三隻小狐狸當場斃命。第四隻也是最小的一隻，被拎著尾巴高高舉起，才死裡逃生，躲過興奮莫名的獵犬攻擊。

他發出短短的一聲尖叫，他可憐的媽媽立刻跑出來，在四周打轉，要不是兩隻狗跑來追逐，擋在槍彈和她之間，意外間保護了她，否則她跑這麼近，早就被射中沒命，而她則再度引著狗徒然地追逐。

搶救下來的小狐狸被扔進袋子裡，靜靜地趴著。他不幸的兄弟則被丟回他們的嬰兒床上，用幾鏟土埋了。

接著我們這些罪人回到屋裡，小狐狸則用鍊子拴在院子裡，沒有人知道為什麼饒他一命，總之大家的感覺變了，沒有人想要殺死他。

他是個漂亮的小東西，像是狐狸和羊的混種。說也奇怪，他毛茸茸的臉蛋和身體就像羊一樣天真無邪，可是我們也能從他黃色的眼睛看到一絲狡獪和野蠻的光芒，和羊又全然相反。

只要有人靠近，他就鬱鬱寡歡地趴伏躲在他的箱子裡，他被獨自留在那裡足足一個小時，才敢向外觀望。

小狐狸悄悄走回他的箱子。

如今用不著那株空心椴木了，我從窗戶往外看，這小狐狸所熟悉的品種的許多母雞，就四散在他身旁的院子裡。那天傍晚這些母雞漫步靠近這個俘虜，只聽到鍊條突然嘎嘎作響，這小傢伙衝向最近的一隻母雞，要不是鍊條拉到盡頭猛拖住他，他就得手了。他站起身，悄悄走回自己的箱子，後來他又有幾次衝向母雞，但卻會估量自己的跳躍在鎖鍊的範圍內究竟是成是敗，因此再也沒被殘酷地拖住。

天黑了，這小傢伙變得極為不安，偷偷摸摸地爬出他的箱子，但只要有任何動靜就又跑了回去，他用力拉著鍊子，用前爪壓著它，憤怒地啃咬。突然他的動作停了下來，彷彿在聆聽，接著擡起他的小黑鼻子，發出了短短一聲顫抖的哭號。這樣反覆了一兩次，其間他扯著鍊子，四處亂跑，接著傳來了回應，遠方一隻老狐發出「**呀嗚**」的聲音。過了片刻，只見一個黑影出現在柴堆上，小東西躲進他的箱子，但旋即又跑出來，以狐狸所能表達最強烈的欣喜迎接他的母親。母狐狸疾如閃電攫住小狐狸，準備朝著她來的方向帶他離開，但鐵鍊拉到了盡頭，小狐狸由母親的嘴裡被粗暴地扯了出來，而她因為有人開窗，心生恐懼，越過木樁逃走了。

過了一小時，小狐狸已不再到處兜圈或哭叫。我往外窺視，看到月光下母親的身影平平直直地投射在地上小狐狸的身旁，正在咬什麼東西——叮噹作響的鐵器聲說明那是殘酷的鐵鍊，而小傢伙則忙著吸媽媽溫熱的奶水。

我一走出去，母狐狸就逃進黑暗的樹林，但小狐狸的箱子旁卻留下兩隻小老鼠，渾身是血，猶有餘溫，是摯愛小狐的媽媽為他帶來的食物。到了早上，我發現離小狐狸頸圈一兩呎的鐵鍊閃閃發亮。

我越過樹林走到已被搗毀的狐穴，再度發現薇克森的蹤跡。這傷心欲絕的可憐母親已經來過，把她小寶貝們全身汙泥的屍體挖了出來。

那三隻狐狸寶寶躺在那裡，全都被舔得乾乾淨淨，一旁是我們家剛被咬死的兩隻母雞。新刨出的土上印滿了洩露祕密的記號——告訴我在她死去的小狐狸身邊，她就像利斯巴[2]守護兒子的屍身一樣。她照樣為他們帶來吃食，這是她夜晚行獵的戰利品。她在這裡伸展自己的軀體，在他們的身邊供給他們天然的乳汁，想要如以往一樣餵他們，給他們取暖，然而卻是枉然。她在他們柔軟的毛皮下找到的只有僵硬的小軀體，靜止不動的冰冷小鼻子沒有任何回應。

她的肘、胸和腳關節的深深印記，顯示了她在靜寂的哀傷中趴在何處，長久地守護他們，竭盡野生動物母親所能地哀悼他們。但此後她不再來到那已被搗毀的窩巢，因為現在她確知她的小寶貝已經死了。

她趴在那裡哀悼。

V

被擒的小不點，這一窩裡最弱小的一隻，現在繼承她所有的母愛。狗被放出來看護母雞，雇來的工人被下令只要看到母狐狸就格殺勿論，我也接到同樣的指示，因此下定決心，再也不要見她。狐狸喜歡但狗絕對不碰的雞頭，被下了毒，灑滿整個樹林；而通往小不點被綁院子的唯一通路，則必須在勇敢面對一切危險後，還要爬上柴堆。然而老薇克森每晚都來哺餵她的寶寶，為他帶來剛咬死的母雞和野味。我一次又一次看到她，儘管她現在不待被綁的小狐狸哭喊，就自動來看他。

小狐狸被抓住的第二晚，我聽見鍊子的響聲，猜到老狐狸就在那裡，努力在小狐狸的木箱旁挖洞，等到洞深到可以埋住她的半身時，她將鎖鍊所有多餘的部分都埋進去，再用土蓋好，得意洋洋地以為這樣就擺脫了鍊子。她啣住小不點的脖子，轉身要往柴堆上跳，可惜，只是讓他由她的嘴裡重重地摔在地上。

可憐的小傢伙，他悲聲哀鳴，爬進他的箱子。半小時後傳來狗的吠叫，由他們一路叫喚穿過遙遠的樹林，我知道他們在追薇克森。他們朝北直往鐵路的方向而去，吵鬧的聲音也逐漸遠離。次日一早獵犬並沒有回來，我們很快就知道原因。狐狸在很早以前就明白鐵路是什麼；他們很快就想出幾種利用它的方法，其中一種就是在被追逐時，沿著鐵軌跑上很長的距離，直到火車來到。他們的氣味在鐵軌上本來就淡，火車一過更是破壞無遺，何況狗也有可能被火車撞死。另一個辦法更可能成功，但執行難度較高，就是趁著火車到來之際，引獵犬直奔高架，讓他們別無去路，必然會被火車輾斃。

這招被巧妙地執行了，我們在下方發現了老藍吉被輾壓的屍體，知道薇克森報了她的仇。

當天晚上，在小花疲憊的四肢還來不及趕回家前，薇克森又回到院子來，咬死另一隻母雞，帶給小不點，並且在他身邊伸展她喘息的身軀，讓小不點吃奶療饑。她似乎以為，除了她帶來的食物，小不點沒有別的東西可吃。

那隻母雞向我叔叔洩露了她夜晚來訪的天機。

這時我的同情心完全轉向薇克森這一邊，不願再參與其他的謀殺。次日晚上叔叔自己拿著槍守了一小時，等到天氣變冷，月亮被雲遮住之際，他想起別處還有要事待辦，於是要派迪接手。

然而，看守的靜寂和焦慮對派迪的神經起了作用，教他昏昏欲睡。一小時後，砰！砰！槍聲響起，我們知道白費了子彈。

到了早上，我們發現薇克森並沒有讓她的小寶貝失望。當晚我叔叔再度守夜，但另一隻母雞又被偷走。天黑後不久，我們聽見一聲槍響，薇克森拋下她帶來的獵物逃跑。當晚她又試了一次，引發另一聲槍響，次日我們看到光滑的鎖鍊，知道她又白白花了數小時，想咬斷那可恨的枷鎖。

這樣的勇氣和深情就算無法得到寬容，必然也該贏得尊敬。不論如何，當晚不再有人持槍守候。看守她有任何用處嗎？三次被槍火驅趕後，她還會再嘗試餵食或釋放她那被囚禁的小寶貝嗎？

她會嗎？她的愛是百折不回的母愛。第四夜，這回只有我一個人在觀察他們，當小狐狸發出顫抖的哭號，那黑暗的形體就由柴堆上出現。

可是她並沒有帶著家禽或食物。難道這矯健的獵人終於失手了嗎？難道她沒有獵物給她唯一要照顧的小狐狸嗎？還是她已經學會相信，讓逮到小狐狸的獵人負責他的食物？

不，絕非如此，這隻野林母獸的母愛和仇恨都是真實的，她一心一意就是要讓孩子自由，她已經試盡了所有她會的辦法，和每一種危險搏鬥，好好照顧他，希望能放他自由。但一切的努力全都失敗了。

她像個影子一樣地來，片刻之後又離去，小不點抓到她所拋下的食物，津津有味地開懷大嚼。可是就在他吞嚥之際，如刀割般的痛楚穿過他的身體，讓他發出疼痛的喊叫，接著是短暫的掙扎，小狐狸斷了氣。

薇克森有強烈的母愛，但更崇高的想法更強烈。她很清楚毒藥的力量；她瞭解什麼是毒餌，要是小狐狸能活下去，她也會教他避開。但在這最後的關頭，她必須要為孩子做出選擇，是要痛苦的囚徒生涯，還是痛快的死亡，她澆熄胸中的母愛，用剩下的那扇門放他自由。

*

我們總在飄雪時節，才去計算林間動物的數量。冬天來臨之際，我知道薇克森已不在艾林谷流連。她去哪裡沒人知曉，只知她已離開。

或許去了天涯海角，拋開遇害的小狐狸和伴侶的悲傷回憶，也或許刻意自我了斷，就像野林中的許多母親一樣，用她釋放這一窩裡最後一隻小寶貝自由的方法，離開這悲傷的塵世。

【譯注】

1 《海角一樂園》（*Swiss Family Robinson*），威斯（Johann David Wyss）著，描述一個瑞士家庭船難後漂流到荒島的故事。

2 《聖經・撒母耳記下》第二十一章第七至第十四節的故事，利斯巴的兒子被吊死不得埋葬，她就日夜在旁守護。

薇克森。

The Pacing Mustang

溜蹄野馬

溜蹄野馬

I

喬・卡隆把他的馬鞍朝灰撲撲的地上一扔，放開所有的馬，匡啷匡啷地鑽進農舍。

「要開飯了嗎？」他問。

「再十七分鐘，」廚子瞄了下時鐘，一副列車長的神氣，儘管這種精準的表現從沒在任何事情派上用場。

「佩利科那裡的狀況如何？」喬的夥伴問。

「熱得要命，」喬說，「牛看來不錯，很多小牛。」

「我在羚羊泉那邊看到一群野馬在喝水；後面跟著一些小馬；有匹深色的小馬相當不錯；天生就是溜蹄。我趕著他們跑了一兩哩，他領著大家，步法一點都沒亂。我故意去衝撞他們，逗他們玩，可是卻無法使他亂了步伐。」

「你路上喝酒了吧？」史卡斯不敢置信地說。

「那沒什麼大不了的，史卡斯。你最好記住我們上一回打賭的事，如果你是條漢子，很快就會有下一個機會了。」

「開飯，」廚子喊，這個話題就此略過不提。第二天驅趕牲口的情況變了，野馬也被遺忘了。

一年後，在新墨西哥的同一個地區又要驅趕牲口，大家又看到這群野馬。那匹深色的小馬駒現已長成一歲大的黑馬，有著修長俐落的腿和光澤的側腹；而且不只一個小夥子親眼目睹這件怪事——這匹野馬天生的步伐就是前後同側行進的溜蹄馬。

這回喬也來了，他突然有個念頭，那就是要把這匹小馬據為己有。對住在北美東部的人，這種想法並沒什麼稀奇或特別的，但在西部，一匹未經調教的馬是五元，而一般騎乘用的馬則為十五至二十元。一般牛仔絕不會想把未經馴養的野馬當成財產，因為野馬很難抓，就算抓到了，也不過是動物囚犯，毫無用處，至死都難以馴服。許多牛群主人會把視線範圍所及的所有野馬射死，他們不但是放牧場上的累贅，還會帶壞牧馬，讓他們很快就愛上曠野的生活，而且一去不返。

瘋子喬．卡隆對野馬瞭若指掌：「我從沒見過不溫順的白馬；不會緊張的棕馬；用心調教而不出類拔萃的紅馬；或是不桀驁難馴、調皮搗蛋的黑馬。黑色的野馬只是差個爪子，就算掉進但以理的獅子坑1，依舊所向無敵。」

既然野馬一無是處，黑色的野馬更是十倍的不值錢，喬的夥伴就是「不明白為什麼喬會想要養這匹一歲的小馬」，因為喬似乎打定主意了，只不過那一年沒機會嘗試。

他不過是個牛仔，每月工資二十五元，而且工時很長。就像其他牛仔一樣，他也希望有個農場，有自己的人馬。他的烙印是個醜惡的豬圈，已在聖塔菲登記註冊，讓他獲得合法的權利，把他的烙印打在他所能找到的任何還沒被烙印的小牛（或沒有烙印的動物）身上，但在有角的牲畜裡，卻只有一隻老母牛被烙了這個印記。

然而每年秋天，拿到工錢後，喬卻抗拒不了誘惑，總是趁著「口袋麥克麥克」，和其他牛仔到城裡去快活一下。所以他的財產除了他的馬鞍、他的床和他的老母牛外，幾乎什麼也沒有。他一直希望能發筆橫財，此後能一帆風順，而當他起心動念，認定黑色野馬就是他的幸運星後，就一心一意，只等「放手一搏」。

驅趕牲口的範圍往南到了加拿大河，秋天又回到唐卡洛坡，雖然喬沒有再見到野馬溜蹄，卻處處聽到他的消息，因為這匹小馬駒現在已經長成年輕活潑的成馬，快要三歲，開始成為人們談論的話題。

羚羊泉位於大片平原的中央，水位高時氾濫成小湖，周圍有莎草圍繞；水位低時，則有一大片黑泥，因含鹼而泛著白光，泉水就位於中央的水窪。水並不流動，也沒有出口，水質很好，是方圓數哩唯一的水源。

這片平地，也就是北方人所稱的草原，是黑馬最喜愛的覓食地點，但這裡也有許多牧場的馬匹和牛群放牧，主要是屬於「Lf」公司。經理兼股東的福斯特很有生意頭腦，

Lf

他認為放養高品質的牛馬報酬必然較高，因此他有一筆投資，就是十匹混種母馬，全都身材高大，四肢勻稱，眼睛像鹿一樣又大又圓；趕牛用的矮腳工作馬與之相較，就像可憐兮兮、營養不良的劣種，難以相提並論。

十匹母馬中，有一匹被留在馬廄裡使喚，其他九匹在她們的小馬斷奶後，則得以脫身，在草地上自由漫步。

馬對哪裡有最好的糧草直覺敏銳，這九匹母馬當然就向南漫遊了二十哩，到了大草原上的羚羊泉。等到夏天快結束時，福斯特要把她們統統趕回來。他的確找到那九匹馬，可是陪在她們身旁、以一種遠遠超過同伴的姿態守護著她們的，卻是一匹全身漆黑的公馬，他在她們身旁昂首闊步，還像專家一樣把她們趕在一塊。他黑得發亮的毛色和這些後宮佳麗的金色毛皮成了鮮明對比。

這批母馬的個性溫馴，要不是又出了個料想不到的新意外，應該很容易就能趕回家。可是黑色公馬變得極為衝動，他的野性似乎也激發了她們，他一下跑東一下跑西，驅使整群馬往他要的方向馳騁。她們撒腿狂奔，騎著趕牛用矮腳馬的人一下子就被遠拋在後。

是可忍孰不可忍，來趕馬的兩個人終於拿出槍來，找機會想把那匹「該死的公馬」活活斃了，可是他們每次想開槍，都有九比一的機會擊中自家母馬。整整一天漫長的驅趕毫無效果，這匹馬天生就是擅跑的溜蹄，他把他一家子聚在一起，消失在南方的沙丘裡。這兩個牛仔只好騎著疲憊不堪的小馬空手而回，因為沒能達成他們堂皇的目的，只能誓言復仇來出氣。

這種事情最惱人的地方在於，只要有過一兩回這樣的經驗，這些母馬一定就會像這匹野馬一樣不服管教，而這種情況幾乎一定會發生，沒法挽救。

低等雄性動物吸引異性的青睞究竟是憑藉長相抑或能力，科學家尚無定論，不過不論出自母馬的戀慕，或憑藉他自身的本事，都可以確定這匹天資過人的野生動物很快就會由對手的後宮招來一大群鶯燕追隨。這匹生著漆黑鬃毛和尾巴、明亮綠眼睛的大黑馬在整個地區四處遊走，由各個馬群吸引了成群結隊的母馬，到後來他的「馬隊」至少有二十匹母馬，大部分都是由牧場出來的普通趕牛用工作馬，但那九匹漂亮的母馬也在其間，光是她們那一群就引人注目。據所有看到的人回報，這群母馬總是被趕在一塊，看得緊緊的。公馬活力充沛，嫉妒心又強，因此母馬只要一加入，對主人來說，就成了再也追不回的損失。牧場主人很快就明白他們牧地上的這匹野馬危害之烈，遠超過其他所有損害來源加起來的總和。

II

那是一八九三年的十二月，我初來乍到，準備由皮納維提托斯河的農舍出發，隨著馬車往加拿大河去。我正要動身時，福斯特交代：「如果你有機會看到那匹可惡的野馬，務必把他給斃了。」

這是我頭一次聽說這匹野馬，我一邊向前騎，一邊由我的嚮導彭斯那裡聽說了整件事的來龍去脈。我好奇心大作，想見識一下這匹聲名遠播的三歲野馬，因此第二天我們來到羚羊泉附近的草原，卻不見溜蹄和馬群的蹤影，不由得使我大失所望。

可是再接下來的一天，正當我們越過阿拉摩薩溪，往上要往蜿蜒起伏的大草原而去時，騎馬在最前方的傑克．彭斯突然由馬頸上趴下，回身向馬車裡的我說：「把你的來福槍拿出來，他在這裡——那匹公馬。」

我拿起來福槍，往前趕到可以看到整個大草原景色的高地。下方的谷地上有一群馬，站在一邊的就是那匹大黑馬。他已經聽到我們接近的聲音，正疑惑是不是有危險。他擡頭挺胸站在那裡，鼻孔張開，雄姿颯爽，完美無瑕，是這片平原上最高貴雄偉的動物，光想到要把這英姿煥發的生物化為一團死屍，就教人不寒而慄。雖然傑克催我「快射」，我卻拖拖拉拉地拉開槍膛，而一向火爆急躁的他邊咒罵我動作太慢，邊咆哮「把槍給我」；正當他把槍一把奪去時，我把槍朝上，不小心走火了。

下方的馬群立刻全神戒備，領頭的大黑馬噴氣嘶叫朝前衝去，母馬也聚在一起，只聽到蹄聲隆隆，揚起一陣塵土，全都跑開了。

黑馬一下朝這裡，一下朝那裡猛衝，眼睛盯著所有的馬，邊領導邊驅趕著她們愈跑愈遠，我極目遠望，他的腳法沒有一步凌亂。

傑克用他的西部辭令對我和我的槍以及那匹野馬批評了一陣，但溜蹄的強壯健美讓我非常欣賞，就算拿那群馬裡所有的母馬來換，我也不會傷害他光滑的毛皮。

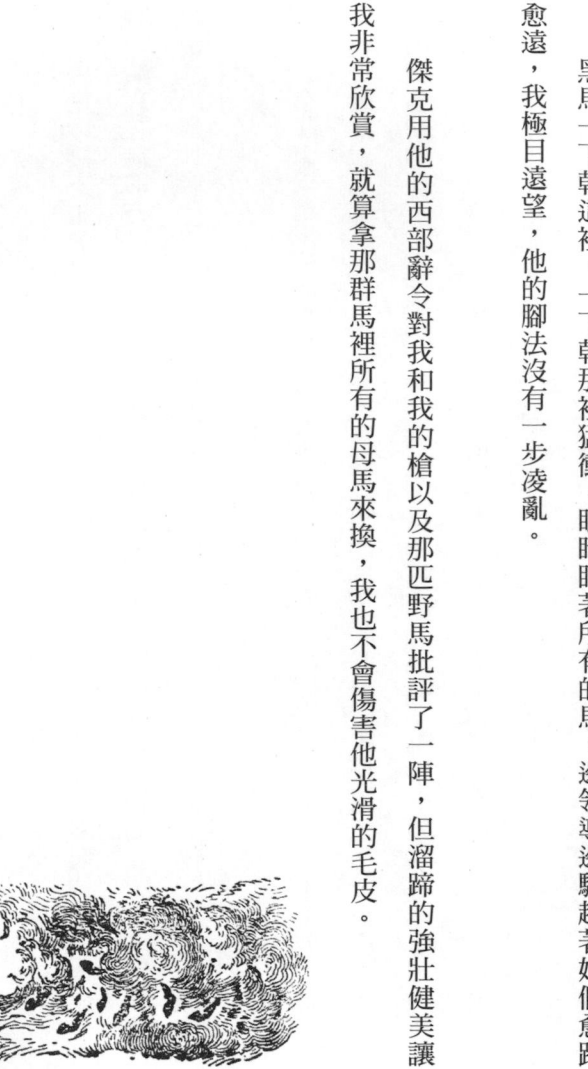

III

要逮住野馬有幾個方法，一是擦傷法——也就是發射來福槍的子彈，輕輕擦過他的頸項，讓他嚇得動彈不得。

「說得好！可惜我看過大約一百匹馬的脖子因為這樣而被打斷，卻從沒見過有野馬因擦傷而被活捉。」這是瘋子喬的評語。

有時，如果占有地利，可以把馬群趕到畜欄裡；有時，如果有特別好的良駒，也能把他們追到吃不消。不過到目前為止，最常見的方式，聽來雖然矛盾，卻是讓他們走到力竭倒地。

總是走溜蹄步法、從不揚蹄狂奔的這匹雄駒開始出名，到處流傳他的步法、速度和御風馳騁的精采故事。因此當「三角一橫」公司的老蒙哥馬利在克來頓的威爾斯旅館當著眾人的面前說，只要這匹馬的傳聞屬實，他就懸賞一千元現金活捉，只要把馬安全裝進運畜車廂裡，一千年輕牛仔聽了都心癢難耐，只等著眼前的合約結束，就要放下一切試試身手，贏得賞金。可是瘋子喬早就有這打算，眼看機不可失，因此他不顧手上的合約，忙了一個晚上，打點了必要裝備，準備加入這場競賽。

雖然已是欠債累累，他還是再去借債，逼著人情早已透支的朋友再度慷慨解囊，組成了一支遠征隊，共計二十匹好馬、一輛載貨篷車，還有足夠三人用上兩週的補給——他自己、夥伴查理以及廚子。

於是他們由克來頓出發了，宣稱要讓這匹速度敏捷的野馬走到吃不消為止。第三天，他們抵達羚羊泉，正是日正當中的時分，因此他們毫不意外，看到那匹黑色的溜蹄馬大踏步來喝水，身後跟著那一整群馬。喬躲在他們看不見的地方，故意讓每匹野馬全都喝飽了水，因為口渴的動物跑起來總是比滿肚子水的快。

接著喬悄悄向前騎。這匹溜蹄馬在半哩外警覺到了，帶著他的馬群走過長滿絲蘭的臺地，消失在東南方。喬騎著馬快跑跟上，直到再一次看到他們，才折回來，要身兼篷車駕駛的廚子把馬隊帶到南邊的阿拉摩薩溪。接著他朝東南去追野馬。一兩哩之後，他再次看到他們，於是悄悄牽著馬走到近得讓他們再度警覺，朝南奔去。喬不走一般常走的小路，而是抄捷徑小跑了一小時，到了馬兒應該出現的地方，他們果然又落入視線之內。他再度悄悄走向馬群，馬兒再度驚嚇逃跑。他們就這樣你追我趕了一個下午，但愈繞愈往南，因此當夕陽西下時，他們已如喬所預料的，來到阿拉摩薩溪附近。馬群再度近在眼前，喬再度把他們嚇跑後，騎到篷車附近，由他一直在休息的夥伴騎另一匹馬，接手繼續這緩慢的追逐。

晚餐後，篷車一如預先安排的，往阿拉摩薩溪上游淺灘而去，在那裡紮營過夜。

同時，查理則跟著馬群。他們跑得不如先前遠，因為追逐者並沒有露出要攻擊的跡象，而且他們已經習慣他的陪伴。夜暮雖然低垂，但因馬群裡有匹雪白的母馬，反而使他們的行蹤更加明顯。夜空上的新月也幫了點忙，查理讓他的馬自己選路走，靜靜地跟隨有著幽靈白馬的馬群，直到他們消失在夜色中。接著他下了馬，解下馬鞍，把馬拴好，迅速鑽進毯子裡睡覺。

第一道曙光乍現時他已起身，拜雪白母馬之賜，才走了短短不到半哩，他就發現了馬群。他一接近，溜蹄馬就尖聲嘶吼，帶著他的兵團快步開跑。可是到第一個臺地，他們就停步，轉頭看看那窮追不捨的究竟是什麼來頭，有什麼意圖。他們在天空下張目凝望了片刻，那黑色的流星覺得他看夠了，迎風揚著鬃毛，踩著他不知疲憊的均勻步伐領頭向前，而母馬則魚貫跟在後面。

他們向前，現在朝西繞，重複了幾次這樣的跑追趕遊戲後，到了中午，他們經過了阿帕契的老瞭望臺——水牛崖，而在這裡守候的正是喬，他升起一縷輕煙，通知查理回到營地，而查理也用小鏡子的閃光做為回應。喬翻身上馬，越過曠野，再次接手追逐，而查理則回到營地吃喝休息，然後再往上游前進。

喬一整天都跟著馬群，並在必要時設法讓馬群繞大圈走，而讓篷車抄捷徑。到日落時分，他來到維德岔口，查理帶來一匹新的馬和食物，喬繼續以緊迫盯人的方式追趕。整個晚上他都跟在他們身後，直到深夜，而這群野馬多少已經習慣這個無害的陌生人陪

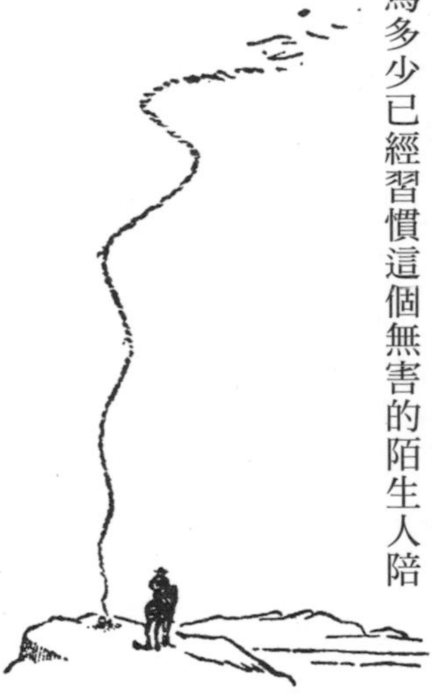

伴，因此要追趕他們更不費力；此外，他們也因不斷趕路而疲憊不堪。此時他們置身的已不再是青草肥美的曠野，也不像追趕他們的馬匹那樣有穀料可食，最重要的是，這種微小但卻持續的緊張壓力必然產生了效果，讓他們食欲不振卻又十分口渴。只要一有機會，喬就讓他們喝水——甚至盡可能鼓勵他們灌個飽，人人都知道奔跑的動物狂飲會有什麼後果，他們會四肢僵硬，呼吸不順。喬小心翼翼避免自己的馬犯下這種錯誤，當晚在疲憊野馬走過的路徑上紮營時，他和他的馬依舊精神奕奕。

次日破曉，他發現馬群近在咫尺，儘管一開始他們還拔足奔跑，但沒多久就放慢成為步行。眼看著勝利在望，因為這種「走垮」他們的辦法，最大的難關是在頭二到三天馬群還有精神時，就掌握他們的去向。

整個早上喬都盯著馬群，而且距離一直都非常近。大約十點，查理在荷塞峰附近和喬換班，當天野馬群只走在他前面四分一哩，精神遠遠不如前一天，現在再度往北兜圈。到了晚上查理又換了匹新馬，繼續追趕。

次日野馬走起路來都無精打采，雖然黑溜蹄不時要馬群振作，他們卻只保持領先查理不到一百碼的距離。

第四和第五天也這麼過去了，現在這群馬幾乎已回到了羚羊泉。到目前為止，一切都如原先的盤算，整個追趕過程都是野馬兜大圈，而篷車跟著繞小圈。現在野馬群回到起點，筋疲力竭；獵人也回來了，卻神清氣爽，騎在精神抖擻的馬背上，他們不讓野馬喝水，直到近黃昏才把他們趕到泉水邊，讓他們盡情喝個痛快。現在機會來了，技巧高超的牛仔騎著生龍活虎的馬兒靠近圍捕，讓野馬們因突然喝下大量的水而走上窮途末路，他們幾乎全都呼吸痲痺、四肢癱瘓，輕而易舉就能用繩索一一套住。

整個計畫只有一個瑕疵，那就是那匹黑野馬，獵捕的主角，好像鐵打的一樣，那不停擺動的步伐依舊像追逐開始的那天早上一樣輕快活潑，他前前後後繞著馬群，用聲音和動作做示範，鼓勵他們逃跑，但他們已經沒有絲毫力氣。前幾夜曾被用來辨識馬群去向的那匹老白馬，幾小時前就已經累得跟不上隊伍，混種母馬也喪失對牛仔的一切恐懼，這群馬顯然已落入喬的掌握中，可是這次圍捕最主要的對象，還是和原先一樣可望而不可即。

有個地方教人不解。喬的夥伴知道他的性情，火爆的他很可能在盛怒下嘗試射死那匹野馬，可是喬卻沒有這個打算。在追捕野馬那漫長的一週，他整天盯著那匹馬，看著他飛快前進，卻從沒有撒蹄快跑亂了步法。

瘋草

這名牛仔對這匹高貴的野馬惺惺相惜，愈看愈欣賞，如今要朝那匹了不起的野獸開槍的念頭，就像要射殺自己的愛駒一樣難以忍受。

喬甚至也自問，他會不會真的把這匹駿馬交出去，換取豐厚的賞金？這樣的好馬如果能養出一群小溜蹄馬來比賽，本身就會是滾滾財源。

只是這個獎品還沒被逮到——結束圍捕的時間就到了，喬已經捉到最好的一匹騎乘馬，她是出身東部的母馬，卻在西部的平原養大。要不是因為她有個奇特的弱點，絕不會落入喬的手中。這些地區有種叫作瘋草的毒草，大部分的牲畜都不會去碰；可是偶爾會有動物嘗試，結果一吃就上了癮。它的作用有點像嗎啡，只是吃了它的動物雖然有很長的時間都能保持清醒，但卻總對這種藥草戀戀不捨，最後發瘋而死。有這種狂熱的動物就被說是得了瘋草病，而喬這匹好馬的眼裡就有一絲狂野的光芒，只有專家才分辨得出來。

但她動作敏捷，身強體壯，因此喬選她作為這場追捕的壓軸好戲。現在要用繩索套住這些母馬已不是難事，只是沒有必要。輕而易舉地就能把她們和為首的黑馬分開，趕回家關進畜欄裡，只是帶頭的黑馬依舊一臉桀驁不馴。喬因棋逢對手而感到欣喜，縱馬向前一試身手。他把套索往地上扔，拖行打開所有的紐結，然後在馬上將繩圈俐落地收攏在左手掌上。接著他一夾馬刺，整段追逐中他第一次這麼做，朝四分之一哩外的黑馬直衝而去。黑馬往前跑，喬跟在他身後，兩者都拿出看家本領，已虛脫的母馬則左右散開讓他們通過。精神飽滿的座騎揚蹄狂奔直衝開闊的平原，而領先在前的黑馬依舊保持他開始時的地位，並維持著他那出名的步法。

這實在是不可思議。喬再夾馬刺，並出聲吆喝，他的馬雖然健步如飛，卻沒有縮短一吋距離，因為黑馬像旋風般捲過平原，向上越過長滿莎草的臺地，然後跳下並穿越布滿砂礫的險惡平原，只聽到草原上的狗吠此起彼落地跟著他往下竄，然後喬趕了上來，只是他無法相信自己的眼睛，因為野馬領先的距離愈拉愈長。喬忍不住開始詛咒自己的運氣，並再度用馬刺催促自己的馬，直到這可憐的畜牲陷入緊張恐懼，她的眼睛開始轉動，左右猛烈地擺頭，結果不再注意自己的腳下——她一腳踩進獾所挖的洞，跌了下去，喬也被掀翻在地，雖然摔得鼻青眼腫，卻還是站起來，想要爬上他那發了狂的野獸。只是她，可憐的畜牲，已經完了，她斷了的前腿懸在那裡。

喬別無選擇，只能解開馬肚帶，了結了快腿，讓她不再痛苦，然後把馬鞍扛回營地，而那匹溜蹄馬則一溜煙跑得不知去向。

雖然如此，但此行並不算失敗，因為所有的母馬現在都聽憑擺布，喬和查理穩穩當當地把她們趕進了「Lf」公司的畜欄，領了一筆厚賞。可是喬想要擁有黑馬的欲望卻比以往更強烈，他已經見識過這匹黑馬的能耐，因此對他也更欣賞，當務之急是想個更好的計畫，把他活逮。

IV

參與那次追捕的廚子是貝茲——湯瑪斯·貝茲先生，他定期去郵局取永遠沒有寄來的信和匯款時，都是如此自稱。不過牛仔都依照他的牛隻烙印圖形，稱他為「老湯姆火雞腳印」，據他說，這個烙印已在丹佛登記有案，而且他還吹噓說，在北方未知的平原上，有無數牛馬都印著這個烙印。

先前貝茲獲邀為夥伴參加這次的追捕時，他還出言譏誚說，有些馬，就算一整打也不值十二元，這話在當時的確不假，他寧可依賴自己微薄的薪水生活。但凡是見過溜蹄馳騁的人，莫不為他著迷。火雞腳印的心意也同樣經歷了這種轉變，現在他也想要當那匹野馬的主人。他的心意究竟為何會有這樣的轉變，連自己也莫名其妙，只知道有天有個據他說「愛上他煮的菜」的比爾．史密斯來到牧場，大家都稱他為「馬蹄比利」，因為他的牛就烙著這個印記。正當大夥兒大啖新鮮美味的牛肉、麵包，喝著難喝的咖啡，吃著桃子乾和糖蜜時，狼吞虎嚥的馬蹄比利吞下一大口麵包含糊不清地說：「唔，我今天看到那匹溜蹄馬，近到可以在他的尾巴上編辮子。」

「什麼，你沒射他？」

「沒有，但我離他很近。」

「你可別幹這種蠢事，」坐在桌子對面的「雙橫H」牛仔說，「我估計那匹與眾不同的馬在月底前，就會打上我的烙印。」

「你的動作要快，不然等你到那裡，就會發現他身上已經烙上了『三角一點』的印記。」

「你在哪裡碰到他的？」

「唔，是這樣的；我正騎過羚羊泉旁的平地，卻看到乾枯的河床上有個突起的東西，我知道自己從沒見過那玩意，以為是我們的牲口，因此騎馬上前，結果卻發現是一匹馬

直挺挺地躺在那裡。風向像是——由他吹向我，因此我再騎近一點，看出原來是溜蹄，像條死鯖魚似地動也不動。可是他看來既不腫脹，也沒受傷，聞起來也沒有臭味，我不知道他怎麼了，直到後來看到他抽動耳朵趕蒼蠅，才知道他在睡覺。我彎身拿起繩索，繞好圈套，才看到繩子舊了，而且有些地方鬆垮垮的，再加上我的馬肚帶只有單層，我騎的小馬只有七百磅重，對手卻是一千兩百磅的雄駒，因此我告訴自己：『這樣沒用，只會扯斷肚帶，從馬鞍上摔下來。』所以我拿套索用力敲了下鞍頭，我真希望你們能親眼看看那匹野馬，他騰空躍了六呎，鼻子噴氣，就像轉軌的火車一樣。他怒目圓睜，以迅雷不及掩耳之勢直往加州狂奔，如果保持開頭的速度，現在他早已到那裡了——我發誓整個路程上，他的步伐一步也不亂。」

這個故事在說的時候並沒有像這裡寫的那麼連貫，不時被其他雜事打斷，而且點點滴滴都是在吃喝之餘斷續透露的，因為比爾是個胃口很好的健壯青年，完全不會裝模作樣。他的敘述倒是很完整，且因比爾一向可靠，人人都相信他的話。所有的聽眾中，老火雞腳印話雖然最少，但想的恐怕最多，因為這番話讓他有了新的主意。

在飯後抽著菸斗吞雲吐霧之際，他左思右想覺得自己不能單獨出馬，因此去找馬蹄比利商量，談妥合夥去捉那匹溜蹄馬；只要把他活逮裝進運畜車廂，就能爭取那筆現已提高為五千元的懸賞。

溜蹄依舊經常來羚羊泉喝水，由於水位低，在莎草和泉水間有一大片乾燥的黑泥地，這片泥地有兩個地方被來喝水的動物踩出了小徑，馬匹和野生動物都走這些小徑，而長角的牛群則毫不猶豫地穿過莎草抄捷徑。

在動物最常走的小徑上，這兩個人用鏟子挖了十五呎長六呎寬七呎深的大坑，辛苦了二十小時，因為必須趁著野馬兩次喝水間完成，工作十分枯燥乏味。等完成後，他們就用桿子、刷子和泥土巧妙地把洞掩蓋、隱藏起來，兩人則躲到一段距離外已經挖好的坑裡等待。

大約正午時分，溜蹄來了，他的跟班都被捉走了，只剩他形單影隻。乾泥帶另一側的小徑很少有動物走，老湯姆生怕這匹野馬突然心血來潮，想走和平常不一樣的路，所以又朝那邊扔了些新鮮的燈心草，好擔保他一定會走挖了陷阱的這一頭。

是什麼樣的天使不眠不休地守望這些野生動物？儘管溜蹄有千百種理由該走平常走的路，但他這回卻偏偏走另一條小徑。他並不在乎啟人疑竇的燈心草，沉著地走到泉邊飲水。如今要避免整盤皆輸，只剩最後一條路；正當他像馬兒平常那樣，低頭再度喝水，貝茲和史密斯爬出洞來，火速跑到他身後的小徑，等他得意地揚起頭來，史密斯就拿手槍朝他身後的地面開了一槍。

這匹溜蹄馬以他那名聞遐邇的步法朝著陷阱直奔而去，只要再一秒他就會陷入其中。他已經跑上小徑，他們覺得他已是囊中物，可是野生動物的天使卻守護在旁，賜予他神祕莫測的警告，於是他縱身一躍，跳過了十五呎長的危險地面，毫髮無傷地加速消失，再也不從那兩條常走的小路來羚羊泉了。

V

瘋子喬永遠精力充沛。他一心想逮住那匹野馬，因此一聽到有人也有相同的打算，就決定先下手為強，要使出他尚未嘗試過的計畫——這項拿手絕活能讓郊狼逮住長耳兔，也能幫助騎馬的印第安人活捉比他們更敏捷的羚羊——這個老把戲就是接力追逐。

南方的加拿大河，還有東北方的支流皮納維提托斯河，以及西邊的唐卡洛斯山和烏提溪峽谷，形成了一個長達六十哩的三角形，這就是溜蹄的地盤。據說他從沒有走出這個範圍，而且羚羊泉一直都是他的根據地。這個地區所有的水源和峽谷，以及溜蹄出沒的路徑，喬都瞭若指掌。

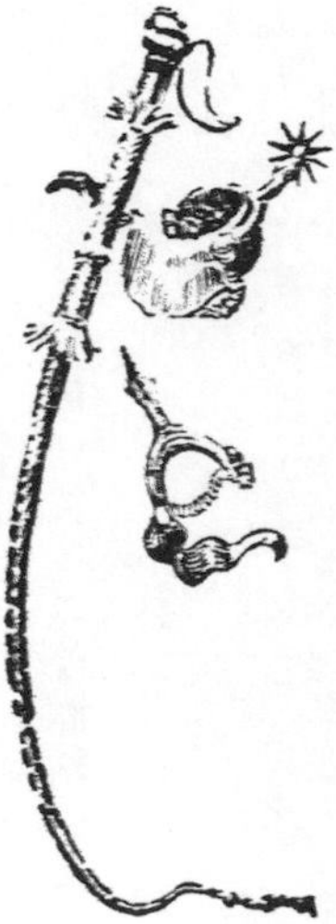

要是他能有五十匹好馬，就能把他們做適當的安排，涵蓋所有的據點，但他只能找到二十匹馬和五名優秀的騎士。

這些馬在兩週前就先餵飽了穀糧，預先分派各地；每個騎士也都接獲該怎麼做的指示，在追捕前一天各就各位。行動當天，喬駕著篷車前往羚羊泉的平原，然後在一小塊乾河床上紮營等待。

他終於來了，那漆黑的野馬，由南方的沙丘走來，如今他總是孑然一身，靜靜地走下泉水，繞著圈子嗅聞是否有敵人隱藏。接著他走近沒有小徑的地方飲水。

喬在旁窺伺，一心巴望他喝個飽。只待馬一轉頭要去吃草，喬就策馬向前，溜蹄聽到馬蹄聲，擡眼望見直衝而來的馬匹，立刻回頭拔足飛奔。他越過平原直往南去，而且始終保持著那使他愈來愈領先的知名溜蹄步法。現在他穿過沙丘，步伐穩健，遙遙領先，而喬的馬卻負載太重，馬蹄深陷沙地，每次擡腿都會耽擱。接著到了一塊平地，追趕者似乎拉近了距離，但接著又是一段長下坡，喬的馬不敢使出全力，因此每一步就又落後下來。

可是他們還是繼續前進，喬馬刺和馬鞭齊下，一哩、一哩又一哩，遠處阿瑞巴峽谷的岩石已隱然浮現。

喬知道那裡有新的座騎，他們往前衝，可是那如暗夜般漆黑的馬兒依舊乘著輕風前行，輕鬆自如地在前方，領先的距離也愈來愈遠。

好不容易到了阿瑞巴峽谷，為了不要影響局勢，守望的人站到一旁，這匹雄駒過去了——朝下衝越過峽谷，又攀上斜坡，以那一貫的連續步法，他所會的唯一一種。

喬騎著口吐白沫的座騎來了，換了等在一旁的馬兒，接著敦促他沿著斜坡往下，再騎上小徑，在坡上再度夾緊馬刺，跑了又跑，可是再怎麼跑，也沒能拉近一吋的距離。

噠—噠，噠—噠，噠—噠，他踩著規律的節拍向前——一小時、一小時，又一小時，眼看阿拉摩薩溪已然在望，那裡有新的馬匹等候接力，喬大聲吆喝，催促他的馬前進再前進。黑馬往前直奔，但在最後兩哩卻鬼使神差地朝左而行，喬早料到他可能會這樣奔逃，因此急催他那筋疲力竭的座騎，不顧一切要阻擋他。他們這一路固然辛苦，但最後這段奔馳卻最為困難，喬氣喘吁吁，每一躍都可聽到他皮製馬鞍吱吱作響。接著喬打橫切過，似乎躍居領先，他拔出槍來，射了一發又一發，塵土飛揚，黑馬的頭也跟著轉向，被迫回到右邊的路上。

他們往下直衝。野馬越過溪水，喬卻癱倒在地，他的馬倒了下來，因為最後那段路他們一口氣跑了三十哩，喬自己也疲憊已極，他的眼簾蓋滿了飛來的鹼塵，處於半盲狀態，只能打手勢要他的「夥伴繼續往前，把黑馬趕到阿拉摩薩淺灘」。

這名騎士騎著精神飽滿的雄駒往前直奔，在高低的平原上奔上奔下，黑馬的嘴邊也吐出了雪白的泡沫，他上下起伏的肋骨和嘈雜的呼吸聲顯示出他的感受，但他還是繼續向前直奔。

騎在金橘背上的湯姆似乎領先了，但接著卻落後再落後，不到一小時，阿拉摩薩的漫長下坡就到了。一個剛騎上馬的小夥子在那裡接手追逐，一路朝西，他們往前直奔，越過土撥鼠所築的市鎮，穿過大片絲蘭和成群仙人掌，儘管被扎得疼痛不堪，還是拚命向前。黑馬渾身是灰塵和汗水，顏色也變成了斑駁的棕褐，但他的步子依舊維持不變。跟在後面的小夥子卡林頓，因為一開始就捨命窮追，因此他的駿馬受了重傷，但他還是用力夾起馬刺，催他抄近路穿過溜蹄避開的峽谷，結果踩空一步，雙雙跌了下去。

小夥子逃過一劫，然小馬已無動靜，黑色野馬則持續向前。

這裡已經接近老葛利哥的牧場，喬抄捷徑來此，換了新馬等著繼續追逐。不到三十分鐘，他就再度飛快地追逐溜蹄的足跡。

西方的卡洛斯坡已然在望，喬知道還有全新的人馬在當地等候，因此這位不屈不撓的騎士逼著黑馬往那個方向走，可是溜蹄卻突然靈光一閃，說不定是因為內心發出了警告，他一個轉身朝北直奔，不論經驗老到的牛仔喬怎麼騎了又騎，大喊大叫，或者以槍擊地使塵土滿天飛揚，這個野性難馴的黑色流星還是往溪谷而去，喬只能跟隨。接著是最艱難的一段追逐；對野馬狠心的喬對自己和座騎更加殘酷，陽光炙熱，火烤的平原在蒸騰熱氣中一片模糊，喬的眼睛和嘴唇都被沙子和鹽灼傷了，可是還是加快追逐的速度。要勝過這匹野馬唯一的機會，就是把他趕回大溪渡口。現在大概是頭一次，他看到黑馬

那野馬以他知名的溜蹄步法繼續向前。

露出疲憊的跡象，他的鬃毛和尾巴不再高高揚起，原本領先半哩的優勢也減少一半以上，但他依舊保持領先，用他的溜蹄步法，繼續向前、向前又向前。

一小時又一小時，他們還是維持同樣的情況，但他們又轉了方向，等到了大溪淺灘附近——足足二十哩的路程，已經快要入夜。可是喬勇往直前，他跳上等在那裡的馬匹，換下來的那匹馬喘息著來到溪邊牛飲，最後倒地而亡。

接著喬等了一下，希望那直冒白沫的黑馬會喝水，可是他很聰明；他只吞了一口水，然後跳進溪裡涉水而過，再繼續向前，任喬在後面直追。大家最後看到的情景是，黑馬依舊在前，可望而不可即，而喬的馬則尾隨其後。

喬徒步回營時已是早晨，他的故事可以濃縮為：八匹馬倒斃死亡——五個人筋疲力竭，而舉世無雙的溜蹄依舊自由自在，安然無恙。

「不可能抓得到他的；根本就辦不到。真可惜沒有賞他一槍，打穿他那惡魔般的身體。」喬說，他終於死了心。

VI

老火雞腳印在這趟追捕中擔任廚師，他像其他人一樣興味盎然地看了整齣好戲。等到行動失敗，他笑嘻嘻地對著鍋子獨語：「要是那野馬不屬於我，我就是個該死的傻瓜。」接著他又不改習慣，翻開聖經尋找前例，依舊對著鍋子說：「非利士人想要累死參孫2，結果卻徒勞無功，要不是參孫有天生的弱點，他們到現在還無法翻身。要不是因為我們大

家都明白的一個小缺陷，亞當至今還會在伊甸園裡逍遙，我也不可能笑納這五千元。」（最後一句話指的很可能是野馬。）

幾次的追捕讓溜蹄的性情比以往更野，但卻沒有將他驅離羚羊泉。這是四面八方在一哩內敵人絕對無從藏身的唯一水源。他幾乎每個正午都會來這裡，在進行一番徹底偵查後，才上前喝水。

自從他的妻妾都被縛之後，這匹野馬整個冬天都過著寂寞的生活，老火雞腳印對此心知肚明。這老廚子的老友有匹不錯的小棕母馬，他覺得正符合他的需求，於是他騎著

那匹母馬，帶了一對最結實的馬絆子、圓鍬、一副額外的套索，還有一根堅實的木樁，騎往知名的泉水。

正是清新的早晨，幾頭羚羊在他面前跑過平原，成群結隊的牛隻臥在一塊，處處都能聽到草原百靈嘹亮甜美的歌聲。臺地上無雪的明朗冬日已經過去，春天就要來了。草地逐漸轉綠，大自然春色無邊。

在盎然春情中，小棕母馬被拴在木樁上吃草，她時不時就擡起鼻子，發出長長的嘶鳴，如果她能唱歌，這必然就是她愛的禮讚了。

老火雞腳印研究了一下風向和地形，他上回費勁挖的洞還在，現在已經沒有掩蔽，淹滿了水，裡面都是些淹死的土撥鼠和老鼠，還有動物被迫從旁踩出新的小路。他在長

了野草的平滑地面上選了叢莎草，先把木樁牢牢釘好，再挖了足以藏身的大洞，把他的毯子鋪在裡面。他把小母馬的拴繩調短，直到她幾乎不能移動，再在他與母馬間的地面上鋪上活套索，把長的那頭綁在木樁上，再用土和草蓋住繩索，然後去藏身處躲好。

經過漫長的等待，正午時分，母馬思春的嘶叫得到由西方高地傳來的回應。那映著天空矗立在那裡的黑影，就是那匹著名的野馬。

他踏著大步搖擺而來，但因多次被追逐，所以也學了乖，常常停步四顧，發出嘶鳴，也確實得到打動他心弦的回應。他走得更近並鳴叫，卻又提高警覺，繞著大圈四處走動，想藉著風向找出敵人的氣味，似乎充滿了懷疑。但他繞的圈子更近，再度嘶鳴，並得到教他消除一切疑慮的回答，這讓他的心開始燃燒。

他昂首闊步，愈走愈近，直到用自己的鼻子貼上索莉的鼻子，發現她的回應就如同他所盼望的那般，讓他把所有警覺的念頭都拋諸腦後，只顧沉醉在征服的喜悅中。就在他蹦跳之際，後腳一下踩進繩索邪惡的圈套，只見繩子靈巧一收，圈套拉緊，他被抓住了。

他驚恐地噴氣，騰腿一躍，反而讓湯姆有機會再加上一圈繩索，圈套在繩索的末端一收，像蛇一樣縛住那強健的馬蹄。

恐慌使他暫時速度加快，力量也加倍，可是他已拉到繩子的尾端，一個踉蹌跌在地上，他終於成了俘虜，成了沒有指望的囚徒。老湯姆矮小醜陋又扭曲的身體由坑中跳出來，要圓滿完成征服這個偉大雄壯生物的任務，溜蹄再怎麼叱吒風雲，也比不上一個小老頭的老謀深算。這非凡的野獸使勁噴氣，不顧一切地跳躍，四處衝撞，奮力掙扎想要掙脫；但一切都是徒然，這繩子太牢固了。

第二個套索靈活地使了出來，把他的前腿套住，再巧妙地用力，他的兩腿就被拉在一塊，狂暴的溜蹄倒了下去，過了片刻四腳就像「綁豬」一樣地被綁起來，無助地躺在地上。他死命掙扎直到耗盡力氣，嗚咽抽搐，直到淚水流下他的臉頰。

湯姆站在一旁看著，這老牛仔的心底湧出了一股奇特的感受，他從頭到腳焦慮地顫抖，這是自他生平套住第一匹牲口以來從未有過的反應，有片刻工夫他只能凝視他那巨大的俘虜。可是這股感受很快就消失了，他把大利拉[3]套上馬鞍，拿起第二副套索，綁住那匹駿馬的脖子，讓母馬撐著他的頭，好給他扣上馬絆子，這很快就完成了，湯姆很確定他跑不了，準備要放開繩子，但轉念一想卻又停了下來。他完全忘了一件重要的大事，所以毫無準備就到此地：在西部的法律中，這匹野馬屬於頭一個幫他打上烙印的人所有；然最近的烙鐵在二十哩外，現在該如何是好？

老湯姆走向他的母馬，一次拿起她一隻蹄子，審視每個蹄鐵。不錯！有個蹄鐵有點鬆動；他用圓鍬又推又扳，把它撬了下來。平原上乾牛糞之類的燃料很充足，因此他很快就升起火來，沒多久就將馬蹄鐵的一端燒到滾燙，再用襪子包住另一端，粗魯地在這匹無助野馬的左肩烙下一個火雞腳印，這是他的標記，從它註冊以來頭一遭真正使用。熱鐵燙上溜蹄的皮肉，讓他不由自主地顫抖，但這很快就完成了，這匹家喻戶曉的野馬雄駒不再是無主的牲畜了。

現在唯一要做的就是帶他回家。繩子解開了，野馬感覺自己獲釋，以為他自由了，縱腿一躍，可是他才邁開步子，就跌倒在地。他的前腳被牢牢地綁在一塊，唯一能做的只有拖著腳緩慢移動，要不然就是使勁跳躍，可是腳被這麼彆扭地綁在一起，只要他想逃跑，不出幾碼就一定會摔倒。騎在小馬上的湯姆一次又一次不斷地領著他改變方向，又驅又趕又拉又扯，設法讓他那口吐泡沫瘋狂掙扎的俘虜朝北往皮納維提托斯峽谷走。可是這匹野馬不肯就範，不願向前走。他的鼻子噴著驚恐的氣息，瘋狂地彈跳，一次一次地嘗試逃跑。這是一場漫長而殘酷的對抗；他光滑的馬身現在都是深色的泡沫，還染上斑斑血跡。無數次重摔和經歷鎮日追逐也依然無法讓他產生的疲憊，如今卻讓他筋疲力竭；他被緊縛住的跳躍，一下朝這裡，一下往那裡，也不像先前那麼有力，他喘氣時噴出的鼻息，有一半都是鮮血。可是逮住他的人卻是個鐵石心腸，熟練而殘酷地逼他前進。他們下了斜坡，來到峽谷，每一碼都是一場戰鬥，現在終於來到小溪谷，小徑由這裡向下，通往峽谷唯一的岔路，這是溜蹄地盤的最北邊。

由這裡可以看到第一個畜欄和農舍，這牛仔興高采烈，沒想到野馬卻使盡剩餘的力氣，再次奮不顧身地向前衝。他由小徑朝草坡向上再向上，無視那揮舞過來的凌厲繩索和朝空鳴放的槍響，瘋狂地走他自己的路。向上向上再向上，他衝上了最陡峭的懸崖，接著凌空一躍，下墜—下墜，墜下兩百呎的深谷，落在下方的岩石上，成了沒有生命的殘骸——但他自由了。

［譯注］

1 見《聖經・但以理書》第六章，但以理被敵人陷害，被丟進獅子坑，但神封住獅子口，使他毫髮無傷。

2 出自《聖經・士師記》。大力士參孫有耶和華賜的神力，讓欺壓以色列人的非利士人畏懼，非利士人想盡辦法要耗盡他的力氣卻未果，最後買通他喜愛的女人大利拉，她探知他的祕密在頭髮後，把他的頭髮剪掉，失去神力。

3 請參照譯注2。

Wully

The Story of a Yaller Dog

巫利

一隻黃狗的故事

巫利 一隻黃狗的故事

巫利是隻小黃狗。要知道，黃狗和黃毛狗可不一樣，他不僅僅是被毛有許多黃色素的狗，他還是混種狗中的混種狗，是眾犬中最難能可貴的混合，集所有品種於一身的無名品種。儘管毫無品種可言，他的品種卻比他任何貴族親戚都更古老也更優秀，因為他是大自然想要再創古代胡狼的產物，而胡狼又是所有犬科動物的始祖。

的確，胡狼的學名（Canis aureus，亞洲胡狼）意即「黃狗」，而這種動物的很多特性都顯現在他經人馴養的親戚代表身上。粗賤的黃狗聰明活潑又強壯，遠比他「純種」的親戚更能應付生命中真實的考驗。

如果我們把一隻黃狗、靈獀和鬥牛犬留在荒島上，六個月後哪一隻還能生存而且適應良好？不用說，一定是大家都瞧不起的黃狗。他沒有靈獀的速度，但也未帶有肺和皮膚病的病原；他沒有鬥牛犬的力量或一無所懼的勇氣，但他有比這好過千倍的事物：他有**常識**。在生命的奮鬥中，健康和才智絕不能等閒視之，如果狗的世界不是由人所「管理」，混種黃狗必然是唯一勝利的生存者。

偶爾，這黃狗的胡狼本性恢復得比較完全，他就會長出豎起來的尖耳朵，這時可要小心了，因為他既狡猾又勇敢，且咬人時會像狼一樣毫不留情。他的性情也會有奇特而狂野的傾向，儘管他也擁有人之所以會愛狗的那些基本特質，但在遭到殘酷的對待，經歷長久的不幸後，可能會發展成最致命的背叛。

留在荒島上的三種狗。

I

小巫利生在切維奧特山，在整窩小狗中，只有他和另一隻小狗被留了下來；留下他的兄弟，是因為他長得像附近最好的那隻狗，留下他，則是因為他是個漂亮的黃色小東西。

他小時候被當成牧羊犬飼養，跟著一隻經驗老到的牧羊犬訓練，還有一個智力和他們不相上下的老牧羊人。巫利兩歲時已完全長成，修了詳盡的牧羊課程，對羊融會貫通，由山羊角到綿羊蹄無所不精，到最後他的主人老羅賓對他的智慧有無比信心，經常整晚流連酒館，放巫利獨自在山坡上看守那些長毛的蠢羊。這隻小狗不但獲得良好教育，在各方面又非常聰明伶俐，因此他的前途不可限量。然而他從不像別人那樣輕視腦袋糊塗的羅賓，這老牧羊人縱有千般不是，一心一意只追求他理想的狀態——酩酊大醉，他的人生不用大腦，但他從不殘暴地對待巫利，而巫利對他也報以空前絕後的崇拜，就算世上最了不起最有智慧的人，也休想得到這樣的待遇。

巫利想不出比羅賓更偉大的人，然而每週五先令的價錢，就讓羅賓貢獻所有的精力和智力，為一個不是很偉大的牛羊商人工作。他才是巫利勞力的真正老闆。而這個人，真是比附近的地主還差勁，竟然下令羅賓把他的羊群分段趕到約克郡的沼澤和市場，在所有牽扯到的三百七十六顆腦袋瓜中，巫利對這件事最有興趣，他的心態也最為有趣。

穿過諾森伯蘭的旅途一路平安，到了泰茵河，羊被趕上渡輪，在煙霧瀰漫的南希爾茲安全上岸。工廠的大煙囪正準備上工，噴出了濃霧和不透明的滾滾煙塵，染黑了空氣，

就像暴風雨雲般低垂在街道的上方。羊群以為他們碰上了切維奧特山特大風暴灰褐色的煙雲，不由得驚恐萬分，不管牧羊人和狗怎麼努力，他們還是朝三百七十四個不同的方向四散奔逃。

羅賓心頭火起，他的小腦袋已無法運作，先是傻傻地注視羊群半分鐘，接著下令：「巫利，把他們趕回來。」經過這番辛苦的思考後他坐下來，點起菸斗，拿出了他的編織活計，織起已經織了一半的襪子。

在巫利耳中，羅賓的聲音有如神諭，他朝三百七十四個方向奔去，把三百七十四隻流落四方的羊趕在一起，將他們帶回羅賓所在的渡口前面，羅賓冷眼看著整個過程，他已把襪子腳趾的部位都織完了。

最後巫利——而非羅賓打出信號，表示所有的羊都回來了。老牧羊人走過去計算羊隻——三七〇、三七一、三七二、三七三。

「巫利，」他語帶責備地說，「他們還沒趕齊，還差了一隻。」巫利羞愧地彈起身來，要搜遍全城，找出失蹤的那隻羊。他才離開沒多久，一個小男孩就指給羅賓看，說羊全都在這裡，一共三百七十四隻羊。這會羅賓可為難了，他接到的命令是火速趕去約克郡，但他知道巫利的自尊心，如果沒有最後那隻羊，他就不會回來，就算必須偷一隻也好。這種事先前就發生過了，而且惹出一番使人尷尬的麻煩。現在他該如何是好？每週五先令眼看就要不保了。巫利是條好狗，丟掉他未免可惜，可是他得考慮老闆的命令；再回頭一想，萬一巫利偷了一隻羊來充數，那可怎麼辦——難道也要在外地丟人現眼嗎？他決定拋棄巫利，獨自趕羊。他後來如何沒人知道，也沒人在乎。

另一方面，巫利在街上狂奔了數十哩，氣急敗壞尋找他走失的那隻羊，只可惜一切都是白費心機。他搜尋了整日整夜，餓腸轆轆，腳也走斷了，最後他厚著臉皮悄悄回到渡口，卻驚見主人和羊皆已離去。他的悲傷教人看了不捨。他嗚咽哀鳴四處奔跑，接著上了渡輪到對岸，各處張望搜尋羅賓。他回到南希爾茲，四處尋找，花了整夜的時間尋覓他那卑鄙的偶像。第二天他繼續尋覓，來來回回多次渡河。他探看、嗅聞每個碰到的人，還以過人的聰明毫無必要地到附近的酒館去找他的主人。第二天他開始按部就班一一嗅聞每一個可能過河的人。

渡輪一天往返五十趟，每趟平均搭載一百人，但巫利沒有錯過一次，必然在跳板上嗅聞跨過這裡的每雙腿。當天巫利就以他自己的方式檢查了五千雙、也就是一萬隻腿。接著次日、又次日，以及後來整週，他都堅守崗位，似乎對吃食毫不在意。不久饑餓和憂慮起了作用，他變得又瘦又凶，沒人能碰他，誰敢阻撓他每日的聞腿大業，必然惹得他勃然大怒。

日復一日，一週又一週，巫利搜尋並等待他的主人，可是他卻從未現身。渡口的工人都知道要尊重巫利的忠誠，起先巫利對他們給的食物和住處不屑一顧，沒人知道他住在哪裡，但他饑餓已極，最後接受了食物，並且學會容忍施予的人。儘管滿懷怨恨地對抗這個世界，他的心還是對那不值得的主人一往情深。

十四個月後我認識了他，他依舊還堅守他的崗位。他已經恢復了美麗的外表，白色的領毛和豎起的耳朵襯著機靈聰穎的臉孔，走到哪裡都引人矚目。但他一發現我的腿不屬於他在找尋的人，就沒再多瞧我一眼。儘管接下來他繼續守候的那十個月我友善相待，卻和其他陌生人一樣得不到他的信任。

整整兩年工夫，這忠實的動物在渡口全心守候，他只為了一個原因沒有回到山坡上的家，倒不是因為距離或擔心迷路，而是他相信羅賓，這天神般的羅賓，希望他留在渡口，因此他留了下來。

不過只要他心念一動，就會過河去追求他的目標。狗的船票是一分錢，算起來巫利在放棄他的追尋之前，就已積欠船公司數百鎊了。他從不錯過跨過跳板的每一雙腿——算起來這個專家已經評斷了六百萬隻腿，可是沒有絲毫用處。他矢志不渝的忠誠從不動搖，只是他的性情顯然已在長期的壓力下走樣了。

我們從沒聽說羅賓後來怎麼了。但有天一個結實的家畜販子大步走下輪渡碼頭的港池，巫利行禮如儀，驗明這新來者的正身，突然間，他的毛豎了起來，全身顫抖，發出低吠，將所有的感官都集中在這個家畜販子身上。

有個渡輪員工不瞭解這是為什麼，向這位陌生人叫道：「喂，先生，你可別傷了我們的狗。」

「誰會傷害他，你這蠢貨；說他要咬我還差不多。」但不待多說，巫利的舉止有了徹底的轉變。他討好這家畜販子，數年來頭一次猛搖尾巴。

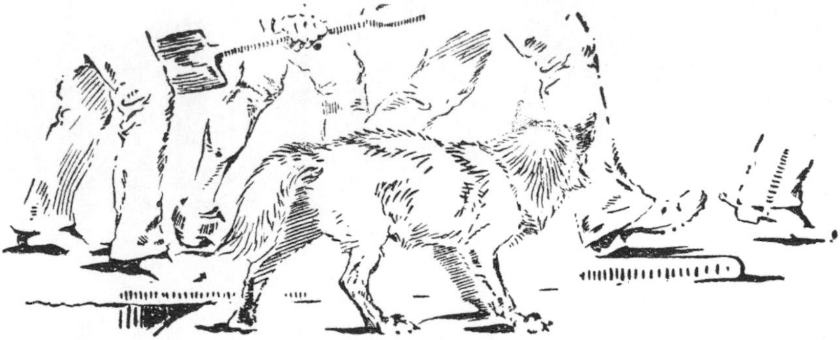

長話短說，這名叫多利的販子和羅賓很熟，他戴的手套和圍巾原本就屬於羅賓。巫利認得他主人的蛛絲馬跡，而他對失蹤的偶像既已絕望，於是放棄了渡口的工作，明確表達他想跟著手套的主人離開。多利也很樂於帶著巫利回到他德比郡山坡上的家，巫利在那裡再度成為牧羊犬，擔起牧羊的重任。

II

蒙薩谷是德比郡最知名的山谷，豬哨飯店雖是唯一的客棧，卻遠近馳名。老闆喬・葛雷托瑞克斯是精明而健壯的約克郡人。他生來合該是個拓荒者，但卻因緣際會成了客

再度成為牧羊犬，擔起牧羊重任。

棧老闆。而他與生俱來的性情讓他成為——此處就不提了；該地原本就有很多盜獵情事。

巫利的新家位於山谷東邊上坡，在喬的客棧上方，這是我去蒙薩谷的原因。他的主人多利在低地闢了一小塊田耕種，並在野地上養了一大群羊，巫利以他一貫的聰明才智精心看守，看著他們吃草，晚上趕他們回羊欄。以狗來說，他拘謹而全神貫注，而且太常對陌生人張牙舞爪，但他對所看守的羊毫不懈怠，因此當年多利一隻羊也沒少，雖然相鄰的牧農一如往常，免不了向老鷹和狐狸納了貢品。

這些山谷充其量只能說是狐狸難捕之地。崎嶇的山脊、高大的石壁和為數眾多的斷崖，不利於騎乘，而岩石中可供狐狸藏身之處又多得不可勝數，因此狐狸在蒙薩谷居然沒有泛濫成災，真可說是奇蹟。不過狐狸為害並沒有太嚴重，一直到一八八一年才有人抱怨，因為一隻狡滑的老狐狸進駐這塊肥美的區域，就像老鼠鑽進乳酪，對獵人的純種獵犬和農夫的混種狗都一視同仁報以嘲弄。

他有幾次被獵犬追上，逃到魔鬼洞才保住老命。只要一進入這個峽谷，就不知道岩石的裂縫延伸到多長，他就安全了。因為他老是在魔鬼洞逃走，當地居民開始認為這不是偶然，於是當差點追到這頭妖狐的獵犬沒多久就發了瘋，大家異口同聲地認定這隻狐狸有靈性，會作祟。

他繼續他的劫掠生涯，大膽突襲，總在千鈞一髮逃脫，最後就像許多老狐狸一樣，開始為殺戮而殺戮。因此狄格比一夕之間損失了十頭羊，卡羅次日晚上也死了七隻，接著牧師住處的鴨池慘遭蹂躪。幾乎沒有一個晚上沒有人損失雞、大小羊隻，最後甚至連小牛也遭摧殘。

當然所有的屠殺都算在魔鬼洞那隻狐狸的頭上。大家只知道他是個龐然大物，至少腳印很大。從沒有人正面看過他，就連獵人也沒看清楚，大家還注意到獵犬中最忠實的小雷和小貝，在追獵這隻大狐時不肯舔舐、甚或是踏上他的腳印。

他瘋狂的名聲讓獵犬的主人也避開這一帶。蒙薩谷的農民以喬為首，私下議定只要一下雪，就要集合起來搜遍整個曠野，不顧打獵所有的規則，一定要把這頭「妖狐」除掉。但雪一直沒有下，所以這紅毛紳士保住了他的性命。他儘管瘋狂，但卻不缺技巧。他從不連續兩晚到同一個農莊，也從不在他殺戮的地方進食，更從不留足印洩露他的去向。他總是在草地或公共的道路上結束整夜的蹤跡。

我見過他一次。一個風雨交加的深夜，我由貝克威爾往蒙薩谷走，就在史泰德的羊欄轉角，正好有道耀眼的閃電，靠著它的光，我的視網膜上印上一幅教我震驚的景象，蹲坐在路邊二十碼遠的地方，有隻碩大無朋的狐狸正不懷好意地盯著我瞧，還意味深長地舔著他的嘴巴。我只有看到這樣，再無其他，原本可能會忘記，或以為是自己看錯了，但第二天早上，就在那個羊欄，找到了二十三隻大小羊隻的屍體，還有不容置疑的證據，

說明了這罪行是那家喻戶曉的大盜所犯。

整個谷地只有一人逃過一劫，那就是多利，更值得注意的是他就住在遭劫區域的中央，離魔鬼洞不到一哩。忠心的巫利證明他抵得過附近所有的狗。夜復一夜他把羊趕回家，從沒少過一隻。縱然妖狐如果有意，也可能在多利的家園逡巡窺伺，但巫利，機靈、勇敢、活躍的巫利絕非他所能匹敵，因為巫利不但保住了主人的羊群，就連自己也毫髮無傷。人人都對他深深敬重，要不是他原本就不友善的性情變得益發乖戾，倒有可能成為人見人愛的寵物。他似乎喜歡多利和多利的長女荷塔，一個聰明、健美的年輕女子，她負責打理全家的大小瑣事，是巫利的特別監護人。巫利學著容忍多利家的其他成員，但對除此之外的世界，不論人或狗，他都一律仇視。

他奇特的性情在我最後一次見到他時表現得十分清楚，當時我走到多利家後方的一條路上，準備越過原野。巫利正趴在前門臺階上。我走近時他站起身來，擺出一副沒看到我的樣子，朝我的去路快步走來，在我前方十碼處的路當中站定，他默不作聲，專心凝視遠方的曠野。只有微微直立的毛髮顯示他並沒有突然化成石頭。我走到他面前時他動也不動，為免衝突，因此我繞過他的鼻端，繼續往前。巫利立刻離開他的位置，保持同樣奇特的沉默，再度快步走了二十呎左右，站在路中央。我再次走到他面前，踩到草地上，從他的鼻尖前通過。巫利立刻無聲無息地咬住我的左踝。我用另一隻腳踹他，他卻逃脫了。我手上沒有棍子，所以拿起一塊大石扔他，他向上一躍，石頭打中他的後腿，把他打倒，滾進溝裡。他跌落時發出野蠻的咆哮，不過後來他爬出了水溝，默默地蹣跚離去。

儘管巫利對世界殘暴凶狠，他對多利的羊群卻無比溫柔。有許多關於他拯救羊的傳說，許多可憐的羊掉進坑洞或池塘，要不是他聰敏地及時伸出援手，恐怕早已命喪黃泉。許多腿短毛長的母羊一跌倒就頭下腳上爬不起來，全賴他協助翻面；他銳利的眼睛和凶猛的氣勢，也震嚇住那段時間出現在曠野的每隻老鷹。

III

蒙薩谷的農夫依舊夜夜納貢給那隻妖狐。十二月底開始下雪，窮寡婦柯特的二十隻羊一夕間悉數陣亡，腥風血雨一直持續到清晨。強壯的農夫槍械上膛，出發追蹤雪中巨狐留下的足跡，這無疑就是犯下多次凶殺的累犯所留。起先這蹤跡十分明顯，接著卻來到河邊，這頭動物顯現他一貫的狡詐，他直直來到溪邊，躍入還未結冰的淺水，但在另一頭卻沒有他出水的蹤跡。經過漫長的搜索，才在上游四分之一哩處，找到他出水的地方。接著腳印往韓利家的高石牆頂而去，那裡沒有積雪透露他的蹤跡。然而有耐心的獵人鍥而不捨，在足跡由高牆踩過平坦雪地來到大路的當兒，大家的意見分歧。有的人認

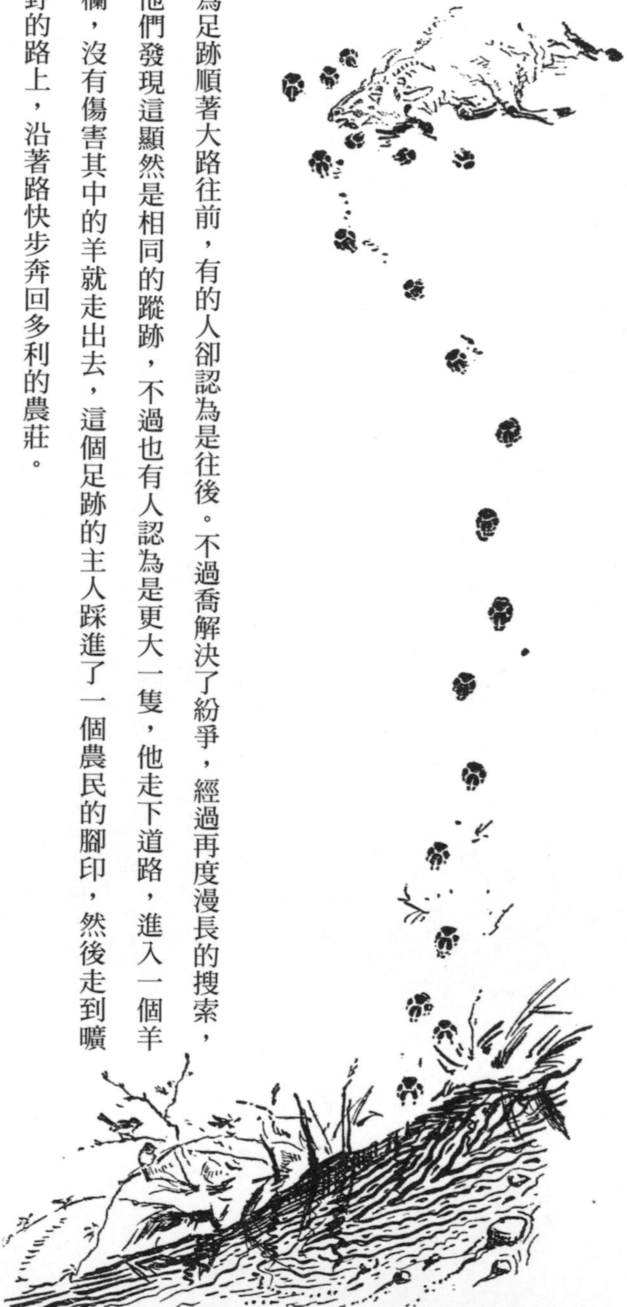

為足跡順著大路往前，有的人卻認為是往後。不過喬解決了紛爭，經過再度漫長的搜索，他們發現這顯然是相同的蹤跡，不過也有人認為是更大一隻，他走下道路，進入一個羊欄，沒有傷害其中的羊就走出去，這個足跡的主人踩進了一個農民的腳印，然後走到曠野的路上，沿著路快步奔回多利的農莊。

當天因為下雪所以羊群留在室內，巫利不必做平日的工作，正趴在木板上曬太陽。看到獵人靠近屋子，他凶猛地狂吠，接著又鬼鬼祟祟繞到羊群所在之處。喬・葛雷托瑞克斯走向巫利所踩過的新雪，一瞥之下大驚失色，指著那節節後退的牧羊犬，加重語氣說：「各位，我們追丟了狐狸腳印，但寡婦羊群的凶手就在這裡。」

有些人認為喬說的對，有些人則質疑路上的腳印有誤，要回頭再重新去追蹤。就在這個當口，多利本人走了出來。

「湯姆，」喬說，「你那隻狗昨晚殺了寡婦柯特的二十隻羊，而且我們不相信這是他頭一次幹這種事。」

「什麼，夥計，你瘋了嗎？」湯姆說，「從沒有比他更好的牧羊犬——他真的很愛羊。」

「是啊！從他昨晚的表現，我們也得到相同的結論，」喬答道。

這群人敘述了今早發生的經過，可是白費唇舌，湯姆痛斥說這不過是出於嫉妒，要搶走他的巫利。

「巫利每天晚上都睡在廚房，從沒有出門，除非是我們放他和羊一起出去。豈有此理，他一年到頭都和羊在一起，連隻羊蹄子也沒少過。」

對於侮辱巫利名聲和生命的可惡指控，湯姆火冒三丈，喬和他的同伴也同樣怒不可遏，這時荷塔提出了一個聰明的點子，讓大家都安靜下來。

「爸爸，」她說，「今晚我就睡在廚房，要是巫利出去我就會看到。如果他沒有出去，卻有羊遇害，我們就可以證明那不是巫利。」

當晚荷塔睡在長沙發上，巫利則一如平常睡在桌下。夜漸漸深了，狗開始焦躁不安，他在他的床上輾轉反側，起身一兩次，伸展身體，探看荷塔，然後再躺下。大約兩點時分，他似乎無法再抗拒某種奇特的本能。他悄悄起身，朝低窗望去，接著又望著那動也不動的女孩。荷塔不動聲色地假裝睡著，巫利緩緩地靠向前去嗅聞，充滿狗味的呼吸吹向她的臉孔，但她沒有任何動作。他再用鼻子輕輕推她，然後豎起他的利耳朝前，歪著頭研究她平靜的臉龐，依然沒有任何跡象。他躡手躡腳走到窗邊，不發出任何聲響地跳上餐桌，把他的鼻子放在窗框下，擡起輕巧的窗架，直到他可以把一隻爪子伸進去。接著他又把鼻子放在窗框下，把它推高到他可以溜出去，再嫻熟地用後臀和尾巴把窗戶輕輕放下，顯然練習已久。接著他消失在暗夜中。

巫利研究她熟睡的面容。

荷塔由長沙發上驚異地看著這一切。她等了一陣子，確定他已離開之後，趕緊起身想喊她的父親，但轉念一想，她決定等待更確鑿的證據。她凝視著黑暗，但看不見巫利的蹤影。她往火裡添了木頭，再度躺下。大約一小時她都保持清醒，凝神諦聽廚房的時鐘，一有細微的聲響就心頭亂跳，疑心那隻狗在做什麼。難道他真的殺了寡婦的羊？但她又想起他對他們自己的羊有多溫柔，這教她更百思不解。

滴答滴答，又一個小時緩慢地過去了，她聽到窗戶傳來細微的聲音，教她心跳加快。抓刮的聲音很快就變成擡起窗戶的聲音，片刻之間巫利就回到廚房，窗戶在他身後關上。

荷塔藉著搖曳的火光看到，巫利的眼裡有股奇特的狂野光芒，他的嘴邊和白雪般的胸前血跡斑斑。這隻狗止住他微微的喘息，仔細審視這女孩，看她毫無動靜，他才趴下，開始舔他的爪和口鼻，中途彷彿想起最近發生的事，不由得吠了一兩聲。

荷塔看夠了，真相已經大白，喬無疑是對的——她機智的頭腦靈光一閃，突然明白蒙薩谷的妖狐就在她眼前。她站起身來直盯著巫利喊道：「巫利！巫利！這一切是真的

——喔，巫利，你這可怕的野獸。」

她厲聲斥責，在安靜的廚房裡十分響亮，巫利彷彿挨了子彈般地退縮。他心灰意冷地朝關上的窗戶瞥了一眼，雙眼放光，毛髮直豎，但在她的逼視下顫抖退縮，匍匐在地上彷彿在乞求慈悲。他緩緩地愈爬愈近，好像要舔她的腳，直到她的跟前，才一聲不響，以老虎般的凶狠撲向她的喉嚨。

這女孩出其不意被噬咬，不過她及時擡起手臂抵擋，巫利閃亮的獠牙陷入了她的血肉，深及骨頭。

「救命！救命！爸爸！爸爸！」她尖聲叫道。

巫利體重輕，因此她暫時把他甩脫，但他的目的毫無疑問，搏鬥已經開始，非得拚出你死我活。

「爸爸！爸爸！」她大聲尖叫，而這團黃色的憤怒化身一心一意要取她性命，又咬又撕那經常餵他、毫無防備的手。

她徒然掙扎想要抵擋，但他很快就會咬住她的喉嚨，就在千鈞一髮的剎那，多利衝了進來。

巫利依舊以恐怖的靜默直撲多利，一次又一次野蠻地撕咬，直到多利抄起柴刀，給他致命的一擊，讓他無力倒下，在石頭地板上喘息扭曲；再一次猛擊讓他腦漿迸裂，噴灑在爐石上。他在這裡一直都是忠貞不渝、倍受推崇的家僕——巫利，聰明、凶猛、可靠卻又居心叵測的巫利，顫抖了片刻，伸直了身體，永遠地安息了。

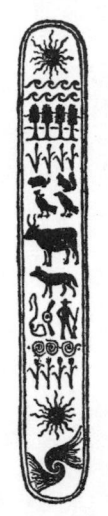

Redruff

The Story of the Don Valley Partridge

紅領圍

當谷松雞的故事

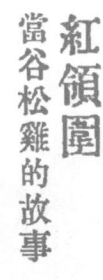

紅領圍 當谷松雞的故事

I

松雞媽媽領著她的一窩寶寶沿著樹林密布的泰勒坡往下走；朝那不知為何被稱為泥溪的清澈溪水走去。小傢伙才一天大，雙腿卻已很敏捷，這是她頭一遭帶他們去喝水。

她慢慢走，把身體伏得低低的，因為樹林裡到處都是敵人。她由喉嚨裡發出柔和的咯咯聲，呼喚這些雜色的小絨毛球，他們撐著粉紅色的細腿東倒西歪地跟在她身後，只要落後個幾吋，就可憐兮兮地發出微弱的叫聲，看起來如此脆弱，相比之下，就連山雀都顯得巨大而粗壯。他們共有十二隻，不過松雞媽媽看緊他們每一個，她也檢視每一棵樹木和每一堆草叢，整個樹林和天空。她似乎總是在搜尋敵人的蹤影——朋友少到無從尋覓。她果然發現了敵人。在平坦的河狸草地上，有隻殘暴的大狐狸，正朝著他們而來，再過片刻就一定會碰上，或與他們的路徑交錯。不能再浪費時間了。

「卡阿！卡阿！」（躲起來！躲起來！）媽媽用堅定的語氣低聲叫道，這些比橡實還大不了多少、只有一天大的小不點，立刻四散到很遠（幾吋之遙）分頭藏匿，一隻躲到樹葉底下，另一隻藏在兩根樹根間，第三隻爬進捲起的樺樹皮，第四隻躲進洞裡，以此類推，直到所有的小不點都藏好，只剩一隻找不到掩蔽，只好蹲在一大塊黃色的木頭碎片上，把身體壓得很平，眼睛也緊緊閉上，保證自己絕不會被人發現。他們停止驚慌的窺伺，全都靜止不動。

松雞媽媽朝大家所懼怕的那隻野獸直直飛去，勇敢地降落在他身側幾碼，接著把自己摔在地上，砰然落下，彷彿翅膀受傷，而且又跛了腳——喔，跛得如此厲害，像隻痛苦

的小狗一樣哀號。她是在懇求慈悲——向嗜血殘暴的狐狸求饒？不，當然不是！她可不是笨蛋。大家常聽說狐狸狡猾，不妨看看與松雞媽媽相較，他有多麼愚蠢。狐狸眼看戰利品自投羅網，不由得喜出望外，朝前猛撲，結果抓到——不，他並沒有完全抓住那隻鳥，她啪嗒啪嗒地往前飛了一呎，恰巧讓他搆不著。他跟著她再度往前一跳，這回原本一定可以逮住她，可是不知怎麼就有株小樹擋在中間，讓這隻松雞笨拙地拖著身體躲進一塊圓木下，這野獸卻張嘴猛咬，跳過木頭窮追，而她似乎跛得沒有原本那麼厲害，又遲鈍地向前一躍，滾下河岸，緊追不捨的狐狸差點抓到她的尾巴。說來奇怪，雖然他這麼敏捷地跑上去撲她，她卻依舊比他快上一點。這實在太不可思議了。一隻折翼的松雞，而他——飛毛腿狐狸，花了五分鐘和她賽跑居然還捉不到她，實在很丟臉。隨著狐狸使出渾身解數，松雞也力氣陡增，他們跑了四分之一哩，遠離了泰勒坡後，這隻松雞竟然莫名其妙地恢復健康，她發出嘲弄的呼呼聲響，振翅飛越樹林遠去，狐狸瞠目結舌，這才明白自己遭到愚弄，而且更糟的是他想起來，這不是她頭一回使用這個招數，只是他從不知道原因。

松雞媽媽低飛了一大圈，迂迴繞回她藏在樹林的小毛球那裡。

憑著野鳥對地點的靈敏記憶，她來到她最後踩踏的草葉上，得意地佇足片刻，欣賞紋風不動的子女。即使聽到她的腳步聲，他們也沒有一隻動彈，而在木片上的那個小傢伙藏得其實也不算太差，他一直都沒有動彈，現在還是保持靜止；只是把眼睛閉得更緊，直到媽媽說：「**柯—瑞特！**」（出來吧，孩子們。）

結果就像童話故事一樣，每個洞裡都鑽出小小的松雞寶寶，而木片上的那個小不點，其實已是他們之中最大的一隻，把他的小眼睛睜得大大的，朝她那寬大的尾巴跑去，伴隨著甜甜的、小小的「**嗶—嗶**」叫聲，要是敵人離他三呎就一定聽不到，但就算是三倍遠的距離，他媽媽也絕不會錯過。所有其他毛茸茸的小不點也紛紛加入，顯然知道自己吵鬧得不像話，卻也實在是歡喜難抑。

陽光現在十分炙熱，要往水邊，路上還得橫跨一大片空曠的田野，媽媽仔細察看敵人的蹤影後，將小傢伙統統集合在她張開扇尾的陰影下，保護他們不致有中暑的危險，直到他們來到溪邊的荊棘叢。

一隻棉尾兔跳了出來，把他們嚇了一大跳，但他豎在身後的休戰旗讓他們全都鬆了口氣。他是個老朋友；當天小傢伙學到的一課就是，兔子永遠都隨身帶著休戰旗，而且他的確也身體力行。

接著他們到了水邊，最清澈的活水，雖然愚蠢的人類稱它為泥溪。

起初小傢伙不知該怎麼喝水，但他們學媽媽的動作，很快就學會像她一樣喝水，並且每喝一口都獻上感謝。他們沿著溪邊站成一排，十二個棕金色的小球，位於二十四隻粉紅趾頭的內八字小腳上，十二個可愛的金色小頭莊嚴地彎腰、飲水、致謝，就像他們的媽媽一樣。

接著她一小段一小段地領著他們，依舊用她的尾巴覆蓋他們，到河狸草地的另一頭，那裡有個巨大的草丘。松雞媽媽前陣子就注意到這個圓丘，要許多這樣的圓丘才能養大一窩松雞寶寶，原來這是蟻窩。松雞媽媽踩上圓丘，東張西望片刻，接著伸出她的爪用力耙了幾下。

脆弱的蟻丘碎裂開來，土製的走廊崩塌毀壞，沿著斜坡四散，螞蟻一擁而出，因為蟻丘設計不夠好而互相爭吵。有些螞蟻精力十足，漫無目的繞著山坡兜圈，而少數比較明智的則開始扛走白胖的蟻蛋。可是松雞媽媽走向她的小寶貝，拿起一顆看來肥美多汁的蟻蛋，一邊咯咯叫，一邊一再把蟻蛋丟在地上再拾起來，再咯咯叫，然後把蟻蛋一口嚥下。小傢伙圍在一起站著，接著一隻黃色的小傢伙，就是坐在木片上的那個小不點，撿起蟻蛋，把它往地上摔了幾次，接著突如其來的衝動讓他把它吞下肚去，於是他學會了吃。不到二十分鐘，就連最瘦弱的那隻松雞寶寶都學會了。在美味的蟻蛋大餐後，他們展開了歡樂的時光，因為他們的媽媽又踩碎了更多蟻穴，讓踩爛的廢墟和內容物滾下河岸，直到每隻小松雞的嗉囊都塞到變形，再也吃不下東西為止。

接著全體小心翼翼地上溯溪流，在沙岸上，靠著荊棘的掩蔽，他們躺著度過整個下

午，學會讓沁涼的沙塵在他們熱呼呼的小趾頭下流動是多麼的享受。他們發揮模仿的強烈傾向，學媽媽那樣側躺，用他們的小腳抓癢，並拍動雙翼，只是他們還沒有羽翼可拍，兩側的絨毛下只有一個小小的標記，顯示翅膀會由何處冒出來。那天晚上她帶著他們來到附近一處乾燥的草叢，那裡鬆脆的枯葉可以防範步行的敵人悄悄來到，而交錯的荊棘也能驅走由空中而來的敵人。松雞媽媽在那下方把他們放在用羽毛覆蓋的育兒室裡，看著這些小不點偎依著一起入眠，夢中還會吱啾叫，完全信任地靠著她溫暖的身體，教她滿心充滿母性的喜悅。

II

第三天小松雞的腳強壯得多，他們行走時不再需要繞過橡實，甚至可以爬過松果，而在標識他們未來翅膀的小標籤上，也可以看到成排藍色的粗羽莖血管。

他們在生命的起步就擁有一個好媽媽、一雙快腿、一些可靠的本能，和剛萌芽的理

智。本能，也就是繼承而來的習慣，教他們聽媽媽的話躲藏起來；本能教他們跟隨著她，但太陽直射下來時，讓他們躲在她尾巴下面的卻是理智。由那天起，理智在他們逐漸擴展的生活中，分量愈占愈重。

次日，羽莖已經冒出羽毛的尖端，再下一天，羽毛伸了出來，一週後，這一窩穿著絨毛的小寶貝全都生出了強壯的翅膀。

然而並不是全部的寶寶都健康——可憐的小朗提由出生頭一天起就病懨懨的，他雖破殼而出，但那半個殼卻背在身上好幾個小時；比起其他手足，他跑得少叫得多。一天晚上臭鼬襲擊，松雞媽媽發出「**奎特，奎特**」（飛，飛）的叫聲，但朗提卻落在後面，等媽媽在長滿松樹的山坡上讓寶寶集合時，他失蹤了，他們從此以後再也沒看到他。

另一方面，他們的訓練也繼續進行。他們知道小溪邊的長草裡有大量最好的蚱蜢；他們知道醋栗樹叢會落下肥美圓潤的綠色肉蟲；他們知道映著遙遠樹林的蟻丘圓頂代表的是豐富的穀倉；他們知道草莓雖然不是真正的昆蟲，卻幾乎和昆蟲一樣美味；他們知道巨大的斑蝶是安全無害的獵物，只要他們能抓得到；他們也知道腐木邊緣落下的厚片樹皮必然藏著各種各樣的好東西；他們還學到最好不要招惹胡蜂、泥蜂、毛蟲和蜈蚣。

現在是七月，漿果月。這個月來松雞寶寶已經長大不少，速度快得教人稱奇，松雞媽媽為了要遮蔽他們，整個晚上都得維持站立。

他們照樣每天去洗沙浴，只是最近換到山坡上的另一處高地。許多不同的鳥類都在這裡洗浴，起先松雞媽媽不喜歡這種二手浴的想法，但這裡的沙子質地細柔，討人喜歡，孩子們熱切地爭先恐後，讓媽媽放下她的戒心。

毒漆樹

過了兩週，小傢伙開始有氣無力，連她自己也不太舒服。他們總是肚子餓，儘管他們吃得很多，每一隻卻都愈來愈瘦。松雞媽媽是最後一個病倒的，但一病起來，情況也同樣嚴重——排山倒海而來的饑餓，頭痛發燒、虛弱乏力。她一直都不知道原因，不知沙浴中使用頻繁的沙子，也就是她的本能最先要她疑心、現在又讓她避開的沙子，原來長滿了寄生蟲，現在全家都被感染了。

任何本能都有它的原因，這隻母鳥對治療的知識只是遵循本能，一種她不明白的狂熱渴望讓她吃下或嚐遍一切看似可吃的東西，並去樹林裡最涼爽的地方搜尋，她在那裡找到了一種致命的漆樹，樹上結著累累毒果。要是一個月前她一定會從旁走過，不屑一顧，但如今她卻嚐了那毫不起眼的漿果，那辛辣而濃烈的汁液，似乎回應了她體內某種奇特的需求；她吃了又吃，全家都加入了這奇特的醫藥盛宴。就是人類的醫生也不能開出比這更好的藥方；這是一帖辛辣而強烈的瀉藥，那可怕的祕密敵人被殺死，危機解除了。但並不全都安然無恙——對其中兩隻來說，大自然這古老的護士來得太晚。按照無情的法則，最虛弱的遭到淘汰。他們因這場病已虛弱不堪，這種療法對他們來說未免太強烈了。他們在溪邊不停地喝水，次日一早，當其他手足跟著母松雞時，他們卻動也不動。然而他們卻以奇特的方式報了仇：一隻臭鼬——很可能是知道朗提去處的那隻，發現這兩隻松雞寶寶的屍體，把他們囫圇吞下肚去，結果因他們所吃下的毒藥毒發身亡。

現在有七隻小松雞聽母親的呼喚。他們很早就顯露出各自不同的個性，而且發展得很快。體弱的幾隻已被淘汰，但還有一隻笨的和一隻懶的。做媽媽的免不了偏心，她最疼愛的是最大的那隻，就是小時候曾坐在黃木片上隱藏的那隻。他不但最大、最強壯，在這一窩中最漂亮，而且最討媽媽歡心的是，他也最聽話。媽媽的警告「**嘎**——」（危險）未必能教其他孩子避開危險的路或可疑的食物，只有他天生乖巧聽話，而且也從來不會不回應她柔和的「**柯**——**瑞特**」（來），這樣的乖巧讓他得到回報，因為他的壽命在這裡最長。

換毛月八月過去了；小松雞現在已差不多長成，他們所學得的知識正好夠讓他們自以為很聰明。他們小時候得要睡在地上，才能讓媽媽庇護，但現在他們已經太大了，不需要這麼做，媽媽也開始教導他們成年松雞的生活方式，該要棲息在樹上了。小黃鼠狼、狐狸、臭鼬和貂都已經會跑了，在地面上的每個夜晚都愈來愈危險，因此太陽一下山，松雞媽媽就叫喚「**柯——瑞特**」，並飛到樹蔭濃密的矮樹上。

小松雞都跟了上去，只除了一隻，一個固執的小笨蛋堅持要像以前一樣睡在地上。當晚平安無事，但次日夜裡他的兄弟卻被他的叫聲驚醒。只聽見一陣微小的扭打聲，接著一片寂靜，只有恐怖的嘎吱嘎吱咀嚼骨頭和咂嘴唇的聲音。他們朝下望向可怕的黑暗，只看到兩隻生得很近的眼睛閃閃發光，還有一股奇特的臭味，告訴他們殺死愚蠢兄弟的是一隻貂。

現在一到晚上，六隻小松雞排成一排坐好，他們的媽媽夾在中間，不過經常有小傢伙因為腳冷而爬到媽媽背上。

他們的教育繼續進行，大約就在這時，他們學到「呼呼快飛」。只要願意，松雞可以無聲起飛，但有時呼呼作響地飛非常重要，因此所有的小松雞都學到該如何及在什麼時機大聲振翅呼呼起飛。這樣做有許多目的，它能警告附近其他的松雞危險就在眼前，它能讓獵人緊張失常，或使敵人的注意力集中在振翅的松雞上，而讓其他松雞悄悄溜走，或蹲伏不動，逃過敵人的注意。

松雞的格言可能是「每個月都有不同的敵人和食物」。九月來了，種子和穀子取代了漿果和蟻蛋，帶槍的獵人則取代了臭鼬和貂。

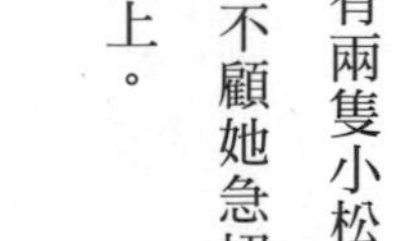

九月獵人月

這群松雞很清楚狐狸是什麼，但卻幾乎沒看過狗。他們知道只要飛上樹，就能輕易地擺脫狐狸，但到了獵人月，老柯迪帶著他那隻短尾黃狗在溪谷徘徊，松雞媽媽看到那隻狗，大聲呼喚「奎特！奎特！」（飛，飛），卻有兩隻小松雞覺得媽媽為一隻狐狸大驚小怪未免可笑，想要展現他們過人的勇敢，因此不顧她急切地重複呼喚「奎特！奎特！」，也不跟著她無聲迅速地飛離，反而跳到了樹上。

就在這時，那奇怪的短尾狐來到樹下朝他們狂吠，他們覺得他很滑稽，也為媽媽和兄弟的舉動感到可笑，卻完全沒有注意到樹叢中傳出的沙沙聲，直到「砰！砰！」兩聲巨響，兩隻血淋淋、軟綿綿的松雞掉下來，被這隻黃狗抓住亂咬，直到開槍的獵人由樹叢中跑出來搶救了他們的屍體。

III

柯迪住在多倫多北邊當河附近的一間破爛房子裡，他過的就是希臘哲人應該會宣揚的那種理想生活。他既沒錢，也不交稅，不打腫臉充胖子，也沒有財產可言。他的人生是由一點點工作和許多玩樂組成，而且他還盡可能選擇戶外生活。他自認為是個貨真價實的運動家，因為他「喜歡打獵」，而且只要他開槍，「看到動物中彈落地就心滿意足」。鄰居說他占屋偷住，把他當成是有地方安身的無業遊民。他一年到頭都在設陷阱和打獵，隨著四時變換，獵物也各有不同，不過有人聽他自稱，就算沒看曆書說明，也可以憑著「松雞的味道」分辨月分。這當然顯示他有敏銳的觀察力，但很遺憾也是一件不光采事實的

月光下。

證據。法定捕獵松雞的季節由九月十五日開始，但柯迪提早兩週就出獵早已沒什麼稀奇，只是他年復一年都能規避處罰，甚至想方設法，以奇人異事之名接受報紙專訪。

他很少射擊正在行進的飛鳥，而喜歡朝樹上亂射一通，要這樣收穫並不容易，因為有樹葉遮擋，也因此在第三個溪谷的這一窩鳥能這麼久而未受傷害；然而狩獵季節即將開始，其他獵人也可能會發現他們，這使他先下手為強，來追尋「一堆鳥兒」。母鳥帶領四隻倖存者飛離時，他沒有聽見振翅的聲音，因此他收起他殺死的那兩隻鳥，回到陋屋裡。

小松雞就此明白狗不是狐狸，必須要以不同的方法應付；一個老教訓更深刻地銘刻在心上：「聽話能更長壽」。

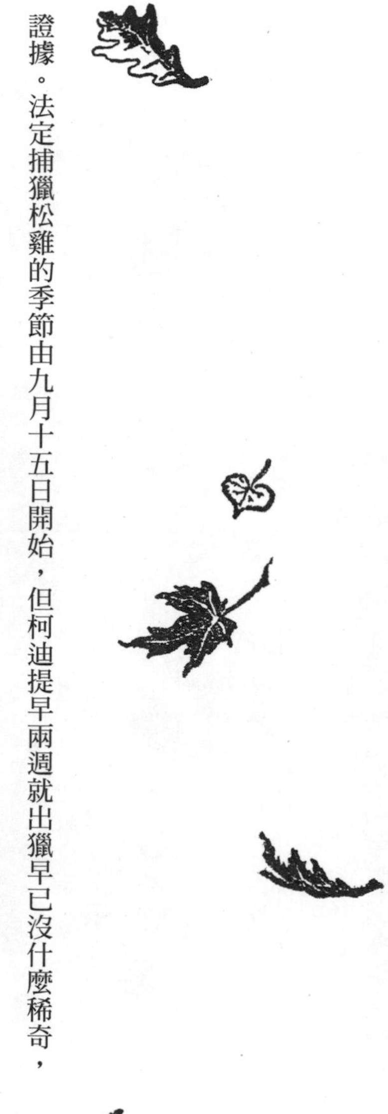

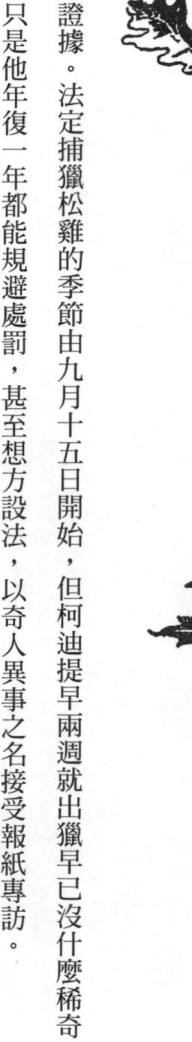

他們避開獵人和其他的宿敵，九月其餘的日子平靜地過去了。他們依舊棲息在寬葉樹林深處葉片最茂密的細長枝幹上，這些樹葉能保護他們不受空中敵人的威脅；高度又能讓他們免於地面上敵人的侵擾，除了浣熊之外沒什麼可怕的，而他在柔軟枝幹上緩慢又沉重的步伐，也從來都會給他們及時的警告。只是現在正在落葉——每個月都有不同的敵人和食物，這是堅果季節，也是貓頭鷹出沒的時節。來自北方的橫斑林鴞為數眾多，貓頭鷹的數量成長了兩三倍。夜裡已經下霜，浣熊就不再那麼危險，因此松雞媽媽更換了棲息地點，到一株鐵杉最密的葉叢中藏身。

這窩小松雞只有一隻不聽「**柯瑞特，柯瑞特**」的警告，還是堅守搖擺的榆樹枝，如今枝頭已近乎光禿無葉，還不到天明，一隻黃眼的大貓頭鷹就把他攫走了。

現在只剩松雞媽媽和三隻小松雞，他們已經和她一樣大了；尤其是其中那隻最年長的，就是木片上的那隻，體型還要更大。他們的領圍已經開始顯現。雖然只有領尖預示他們會長成什麼模樣，而他們對此也十分自豪。

十月橡實月

松雞的領圍就像孔雀的尾羽——是他最美麗也最得意的部位。母雞的領圍是泛著微綠光澤的黑色，公雞的則更大更黑，泛著更鮮豔的暗綠光芒。偶爾會有松雞的身材和活力與眾不同，他的領圍不但更大，而且由於奇特的強化作用，變成了深濃的銅紅色，閃著紫色、綠色和金色的虹光。這樣的松雞在任何人眼裡，必然都美麗非凡。而當初蹲在木片上的那個小不點，向來乖巧聽話的他在橡實月跨入新月前，就長出了光采耀目的金銅色領圍——這就是紅領圍，名聞遐邇的當谷松雞。

IV

橡實月有一天，大約是十月中，正當松雞一家嗉囊裝得滿滿的，在河狸草地邊一棵大松樹附近曬太陽，聽到遠處傳來一聲槍響。紅領圍出於體內的本能，跳上圓木，擡頭挺胸來回走了幾次，受到這明亮、清澄、涼爽的空氣所驅使，他睥睨天下地大聲抖起翅膀。接著，就像小馬用蹦跳展現喜悅，更進一步展現這股活力，更大聲振翅，直到他發現自己不自覺地在鼓翼，並為發現這項新能力而沾沾自喜，一再用力地振動空氣，直到鄰近的樹林充斥這已完全長成的雄松雞的響亮鼓聲。他的兄弟姊妹聽到這聲音，都羨慕又驚奇地看著他，他媽媽也驚訝不已，只是從此開始對他有點懼怕。

十一月初起的這個月分有個古怪的敵人，依著奇特的自然法則，所有的松雞在他們出生頭一年的十一月都會瘋狂，這和人類也不無相像之處。他們受到狂熱的衝動驅使，想要離開到別處去，去哪裡倒不重要。就連他們之中最聰明的，在這段期間也會做盡傻事。他們可能在夜裡快速飛越田野，結果被電線割成兩半，或是撞上燈塔或火車頭燈。到了白天，可以在各種匪夷所思的地方看到他們，在建築物、在開闊的沼澤、棲息在大都市的電話線上，甚至在沿岸的船上。他們的狂熱似乎是往日遷徙習慣的遺跡，這至少有一項好處，那就是把家族打散，避免近親一再繁殖，因為那對他們的族類而言必然是

致命的打擊。這種亢奮總是在幼鳥第一年時最嚴重，等到第二年秋天可能還會再犯，因為它威力十足；但到第三年通常就沒什麼影響了。

紅領圍的母親一看到結霜的葡萄轉黑，楓樹深紅和金黃的葉子脫落，就知道這個毛病快要發作了。她束手無策，只能照料他們的健康，讓他們待在樹林裡最安靜的地方。

第一個信號隨著一群野雁一邊**鳴叫**、一邊由頭上往南飛去而出現。年輕的松雞從沒見過這種長頸老鷹，因此感到害怕，可是看到他們的母親神色自若，讓他們生出勇氣，目不轉睛地望著他們。是那鏗鏘的野性呼喚感動了他們，還是只是內在的衝動浮出表面？

每隻年輕松雞的心頭，都浮現出跟隨他們的奇特渴望。他們看著這些像箭一樣的號手消失在南方，不由得攀上更高的枝幹遠眺，此後一切再也不一樣了。十一月的月亮正逐漸變圓，等滿月到來，十一月的瘋病也就降臨了。

松雞群中最不活潑的、受到的影響最嚴重。這個松雞小家庭四散了，紅領圍自己趁夜飛了幾次飄忽不定的漫長旅程，本能驅使他朝南而去，但那裡是一望無際的安大略湖，因此他回過頭來，在瘋月下弦時再度回到泥溪谷，然而這回只剩孑然一身。

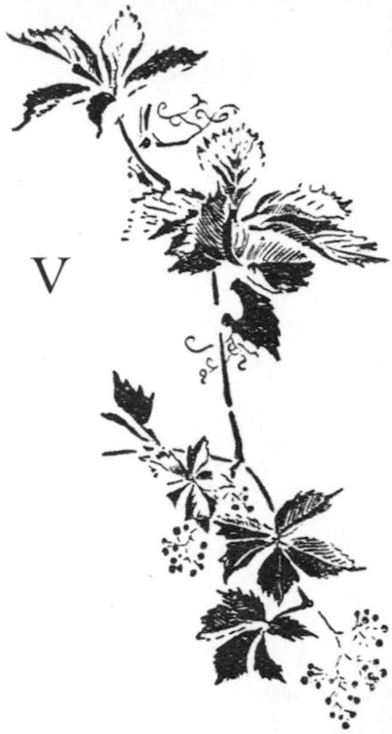

V

隨著冬日的進展，食物愈來愈少，紅領圍留在原來的溪谷和泰勒坡上長滿松樹的那一側，不過每個月都會帶來它自己的食物和敵人。瘋狂月帶來了亢奮、孤獨和葡萄；白雪月則隨著薔薇果翩然降臨；風暴月帶來樺樹的嫩葉和銀色的暴風雪，冰霜籠罩了樹林，讓松雞很難一邊站穩在樹梢，同時拉扯結凍的芽蕾。紅領圍的喙因為這項工作而磨損嚴重，就是閉上嘴喙，口鉤後面還是有個開口。不過大自然已經為他應付滑溜的地面做了準備；他的腳趾，儘管九月時還很細緻而勻稱，這時卻冒出成排尖利的角質尖端，而且隨著氣候愈來愈寒冷而生長，直到下起第一場雪，他已經裝備了雪鞋和冰爪。寒冷的天氣趕走大部分老鷹和貓頭鷹，而四足的敵人也不可能接近而不被他看見，因此一切都還算平衡。

他為了找食物愈飛愈遠，四處探索，發現了兩岸長滿銀樺的玫瑰谷溪，和長了葡萄和花楸樹莓的法蘭克堡；切斯特森林結實累累的唐棣和五葉地錦，和在雪下面閃閃發光的冬青莓果。

他很快就發現不知為了什麼奇怪的理由，帶槍的人並不會走進法蘭克堡高高的籬笆，因此他就在裡面過起他的生活，認識新環境、尋覓新食物，每天都愈來愈有智慧，也愈來愈漂亮。

談起親戚，他雖然孤零零的，但那並沒什麼大不了。不論他到哪裡，都能看到活潑的山雀歡欣地四處雀躍，讓他想起在從前的印象中，他們是多麼了不起的大人物。他們是林中開心得最莫名其妙的生物，秋天還沒結束，他們就已開始唱起家喻戶曉的副歌，「**春天快到**」，

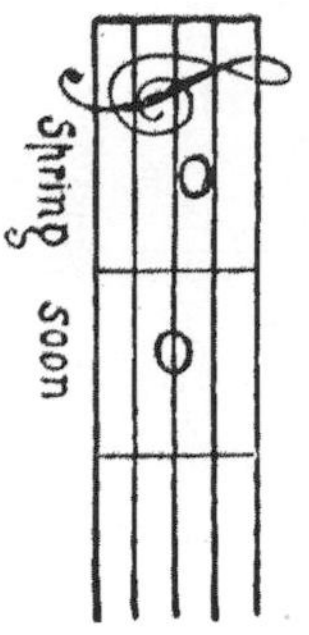

在冬日最嚴寒的風雪中，他們依舊保持快樂的心情，直到饑餓月，我們人類的二月，為他們的小曲帶來真正的意義，他們就加倍樂觀地以「早就告訴過你」的語氣向世界宣布。果然很快就出現了好預兆，因為太陽的威力變強了，融化了法蘭克堡山南坡的雪，露出了大片芳香的冬青，它的漿果對紅領圍來說是盛宴，而且結束了辛苦拔冰草吃的苦工，也讓他的嗉得到亟需的休養生息、重新長回原貌的機會。很快地第一隻藍鳥飛來，一邊高歌「**春天就快來到**」。太陽繼續增強，三月甦醒月的一天，只聽到響亮的「**考，考**」聲，原來是烏鴉王老銀斑帶頭，率他的大隊由南方迤邐而來，正式宣布：「**春天已經來到。**」

整個大自然對此都展開回應，這是鳥類新年的開始，但他們體內似乎有東西在驅動。山雀瘋瘋癲癲反覆地唱：「**春天到，春天到到——春天到到**」，片刻不停，教人擔心他們找不出時間覓食謀生。

紅領圍覺得內心陣陣悸動，他在樹樁上歡喜跳躍，一次又一次把雷鳴般「**咚、咚、咚、咚隆——**」的聲音順著小溪谷向下傳去，邊朝下傳邊招來隱約的回聲，表達他對春天來臨的歡欣鼓舞。

山谷下是柯迪的小屋，他在靜寂的早晨裡聽到了松雞鼓翼，「知道附近有隻雄松雞可打」，於是帶著槍躡手躡腳來到溪谷。不過紅領圍已悄悄飛走，直到再度回到泥溪谷前都沒有休息。在這裡他爬上他頭一次鼓翼的那塊圓木，一次又一次響亮地發出他的隆隆鼓聲，讓一個抄捷徑穿過林間要往磨坊去的小男孩嚇得魂不附體，他直奔回家，告訴他媽媽山間小徑有印第安人準備開戰，因為他在溪谷裡聽到他們戰鼓頻催。

為什麼快樂的男孩要大聲叫嚷？為什麼寂寞的青年要聲聲嘆息？他們不明白，就像紅領圍不懂自己為什麼現在每天都要爬上枯木樁上，對著樹林一次又一次地高聲鼓翼；

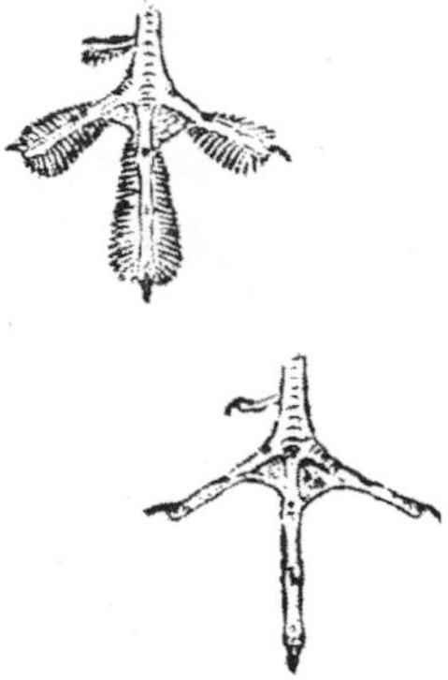

接著又昂首闊步地欣賞自己炫目華麗的領圍，看著它在陽光下像珠寶般閃閃發光，接著再度振翅鼓翼。由哪裡升起一股奇特的欲望，希冀別人也能欣賞這些羽毛？為什麼在春柳月前，一直都沒有這樣的渴望？

「咚、咚、咚隆——」

「咚、咚、咚隆——」

他一次又一次地發出咚咚聲。

日復一日，他總攀上最愛的那塊圓木，在他清澈敏銳的眼睛上方，又長出了一個新

的漂亮東西，一頂玫瑰紅的雞冠。他腳上冬日笨拙的雪鞋已經徹底脫落，他的領圍愈來愈美，眼睛愈來愈亮，全身上下英俊瀟灑，在太陽下高視闊步，光采奪目。只可惜——喔！他是**如此寂寞**。

然而，除了每天盲目地以鼓翼來宣洩外，他還能怎麼表達自己的滿心嚮往？終於在最可愛的五月初的一天，當延齡草在他的圓木上裝飾了銀星的花朵時，他鼓翼、渴望、再鼓翼之後，他靈敏的耳朵聽到了聲響，有個輕盈的腳步落在灌木叢裡。他像塑像一樣地靜止並觀看；因為他知道別人也在看著自己。有可能嗎？是的！在那裡——有個影子——另一個——一隻害羞的小松雞小姐，正怯生生地找地方躲藏。剎那間他已來到她的身旁。他全身都被新的情感所淹沒——因渴望而沸騰，而沁涼的泉水就在眼前。他多麼得意地展示並炫耀他的盛裝！而他又怎麼知道這能取悅她？他張開羽毛，刻意站在可以捕捉到陽光的位置，精神抖擻、志氣昂揚，並發出輕柔的咯咯聲，這必然和另一類動物的「甜言蜜語」差堪比擬，因為現在她顯然已芳心暗許。要是他早知道的話，幾天前應該就可贏得美人歸了。她已受這響亮雄壯的聲音所吸引，來了三天，含羞帶怯地在遠處暗中欣賞，並因他還沒發現近在咫尺的她而微微嗔怒。所以，保不定那落進他耳裡的小小跺腳聲，並非完全是她不小心的。總之，她現在以甜美服從的優雅姿態溫順地低著頭——這焦渴的流浪漢終於度過沙漠，找到甘泉。

喔，在這名稱難聽的可愛溪谷，這段歲月是多麼燦爛歡樂，陽光從沒有這麼明豔，松香的空氣比美夢還要香甜，那尊貴的大鳥每天都來到他的圓木，有時和她一起，有時獨自前來，鼓翼歌誦生命的喜樂。但為什麼他有時會孤獨前來？為什麼不永遠和他那新娘布朗妮在一起？為什麼她會和他同食共遊幾小時，然後悄悄溜走，離開他一段時刻，甚至到次日，而他在圓木上高唱戰歌，宣告他無時無刻不渴望她速速歸來？這裡藏著一個他也無法理解的林地祕密，為什麼她陪伴他的時間每天減少，到最後只剩幾分鐘，而最後有一天她根本就不來了。第二天、第三天也不見她的蹤影。紅領圍瘋狂地張開翅膀像閃電般猛衝，在老圓木上鼓翼，再往上游走到另一根圓木上振翅，掠過山坡到另一個溪谷一再鼓翼。但到第四天，他高聲呼喚她時，就像先前他們初次幽會一樣，他聽見樹叢中傳來聲響，他失蹤的新娘布朗妮就在那裡，帶了十隻探頭探腦的小松雞寶寶。

紅領圍一個箭步趕到她身邊，把目光炯炯的小毛球嚇得心驚肉跳，他發現這窩寶寶的需求比他強烈得多，不由得有點沮喪。不過他很快就接受這個變化，從此加入這個家庭，照顧他們，雖然他自己的爸爸從沒有這樣做過。

VI

在松雞的世界裡好爸爸難能可貴。松雞媽媽一向都是獨力造窩，獨力孵出她的小寶寶，沒有任何外援，她甚至連窩的位置也不讓做爸爸的知道，只在鼓翼的圓木和覓食地點和他會面，或在沙浴場，那裡可以算是松雞們的俱樂部。

布朗妮的寶寶一出世，就占據她全部的心思，甚至把他們那出類拔萃的父親都拋諸腦後。不過，到了第三天，等他們夠強壯了，她就帶著他們回應做爸爸的呼喚。

有的爸爸對孩子不聞不問，不過紅領圍卻立刻幫布朗妮照料孩子。就像他們的爸爸很久以前學到的一樣，他們已經學會吃喝，也能在領路的媽媽身後搖搖擺擺地跟著走，而做爸爸的則守在一旁，或遠遠地跟在後方。

就在次日，正當他們由山坡的一側往溪邊走，隊伍拉得很長，就像一串珠子，兩頭各有一顆大的一樣。這時一隻紅松鼠由松樹的樹幹探出頭來，看著這小毛球的行列，其中小朗提脫隊了，遠遠落在最後面。落在後方幾碼的紅領圍正在一塊高圓木上梳理羽毛，因此紅松鼠並沒有看到他。這看似再好不過的時機勾起了松鼠嗜食小鳥肉的怪癖，他一心想攔截最後落單的那隻，因此往前疾衝，即使布朗妮看到他也來不及了，可是紅領圍早就看到了。他朝那隻紅毛殺手飛去，武器是他的拳頭，也就是他雙翼的圓形關節，而他用上了多大的力氣！一開始他就一拳打在松鼠的鼻端，這是他最脆弱的地方，教他頭暈眼花；他搖搖晃晃地倒在一排木材上，這是他原本打算把小松雞帶來的地方，現在他躺

紅領圖救小朗提。

在那裡喘氣，鮮血滴下他那邪惡的鼻頭。那松雞任他躺在那裡，後來他怎麼了他們一直不知道，不過他從此再也沒來騷擾過他們。

一家子繼續朝水邊走去，但一隻母牛在沙土上留下了深深的足印，一隻松雞寶寶掉進其中一個腳印，發現自己出不來，不由得驚慌地吱吱叫。

這是個困境，兩隻大鳥都不知道如何是好，他們徒然地踩踏腳印的邊緣，但就因為如此，沙岸陷落下來，往下傾瀉，形成了一道長坡，被困的小松雞朝上奔跑，重新加入兄弟的行列，有母親寬闊的尾巴做遮蔽。

布朗妮是個聰明的小媽媽，雖然嬌小，卻有機智和常識，而且日夜機警地守著她的小寶貝。帶著她那群小跟班在成拱門狀的樹林裡咯咯漫步，讓她多麼得意自豪；她使勁地把她小小的棕色尾巴拉成將近半圓，讓他們有最寬闊的遮蔭，而且看到任何敵人也絕不退縮，隨時準備或戰或飛，端視什麼對她的小寶寶最好。

在小松雞會飛之前，他們和老柯迪交手了一回；雖然只是六月，他卻已經帶槍出遊。他爬上第三個溪谷，他的狗泰克在前面打頭陣，離布朗妮的寶寶近得危險，因此紅領圍奔向他，用那從不失靈的老招，引他往當谷而去胡追一氣。

然而偏偏柯迪緊隨而來，直朝松雞寶寶而去。布朗妮向孩子們發出信號，「**卡阿！卡阿！**」（躲起來！躲起來！）然後跑上前，像她的伴侶引狗離開那樣，要把這個人引走。她全心全意滿懷母愛，再加上對樹林裡的知識十分熟稔，因此靜靜地奔跑，直到很近了才以翅膀發出巨響，朝他的臉上直撲，她在葉上翻滾，假裝跛了，暫時騙過這個盜獵者。但當她拖著一邊翅膀，在他的腳邊哀鳴，然後緩緩地爬開，他卻明白這個舉動的意思——這是要引他離開她雛雞的伎倆，因此他給她兇暴的一擊。不過小布朗妮動作敏捷，避開了那一擊，然後跛行到小樹後面，再度痛苦地在葉子上翻騰，看來跛得厲害，因此柯迪又給她一棍。可是她及時行動阻止了他，而且勇敢、堅定地要把他從她無助的幼雛引開。她朝他身前撲去，把她溫柔的胸脯壓在地上發出呻吟，彷彿懇求他大發慈悲。而柯迪兩擊不中，舉起了他的槍，以足以殺死熊的火藥，把可憐、勇敢、全心為子女奮鬥的布朗妮轟得血肉模糊。

這殘暴的槍手知道雛雞必然就藏在附近，因此他四處探看找尋，可是他們全都不動也不偷看，所以他一隻也沒看到。只是在他用粗心大意的可惡雙腳四處踩踏之際，來回經過了他們的藏身之所，不只一隻靜默無聲的小小受難者被他踩死，他既不知道也不在乎。

紅領圍領著那隻黃色的畜生往下游而去，現在回到他留下伴侶的地方，殺人犯已遠去，帶走她的遺體，要拿去扔給狗吃。紅領圍四處找尋，發現那血淋淋的地點和殘留的羽毛。布朗妮的羽毛四處散落，現在他明白那一槍所代表的意義。

誰能敘述他的恐懼和哀傷？他的外表看不太出來，只不過表情沮喪消沉，默默地望著那個位置數分鐘，接著念頭一轉，想起了他們可憐的寶寶。他趕回他們藏身之處，呼喚熟悉的「**柯瑞特，柯瑞特**」。是不是每個墳墓聽到這幾個神奇的字眼，就會釋放它小小的人犯？不，勉強超過一半；六個小毛球張開他們光亮的眼睛，起身向他奔去，但是四個長了羽毛的小小身體卻真的埋進了墳墓裡。紅領圍呼喚又呼喚，直到他確定能回應的全都已經來了，他領著他們離開這可怕的地方，朝遠遠的上游而去，那裡有鐵絲刺網和荊棘叢，提供雖不那麼舒適，但卻比較可靠的庇蔭。

這窩小松雞在這裡成長，由父親訓練，就如同當初他母親教導他一樣；而且因為他的見識和經驗更廣，讓他擁有許多優勢。他很清楚周遭的田野和所有的覓食場，也知道所有困擾松雞生活的禍害，因此整個夏天過去，一隻小松雞都沒有損失。他們成長茁壯，等待獵人月來臨，他們已是六隻成年松雞組成的美好家庭，由金羽亮麗的紅領圍領軍。失去布朗妮後的這個夏天，他已不再鼓翼，但鼓翼之於松雞，就像歌唱之於雲雀那般自然；這雖是他的戀歌，卻也是健康活潑的表徵。因此當換完羽毛，九月的食物和天氣讓他又長出一身亮麗的羽飾後，他重新振作自己，恢復了精神。一天當他來到那塊老圓木時，就不由自主地攀了上去，一而再、再而三地振翅鼓翼。

從此他又開始常常鼓翼，他的孩子圍坐在旁，有時也會有一隻學爸爸的模樣，爬上附近的樹樁或石頭，大聲地振動空氣發出他的鼓聲。

黑葡萄和瘋狂月降臨了，不過紅領圍的孩子十分強健，他們身強體壯，意味著頭腦

也很聰明，因此雖然也感到躁動不安，但那股莫名的狂熱卻在一週之內就消散了，只有三隻一去不返。

開始飄雪的時節，紅領圍依舊帶著剩下的三個孩子住在溪谷。那是輕薄的雪片，且因為天氣還不太冷，全家蹲坐在雪松低平的枝幹下過夜。可是次日風雪依舊持續，天氣變得更冷了，整天積雪堆得愈來愈高。到了晚上，雪雖然停了，但霜卻變得更堅硬，因此紅領圍帶著家小移到深雪上方的樺樹旁，他潛進雪堆，其他松雞也有樣學樣。他們鑽進了雪被風吹鬆後所形成的洞孔——這是他們純白的被褥，他們就這麼舒舒服服地藏在裡面睡覺，因為雪是溫暖的披巾，而且很透氣，讓他們可以輕鬆呼吸。第二天早上，每隻松雞都發現自己呼吸的氣息凍結成一面結實的牆，但他們可以自在地轉向另一邊，聽到紅領圍清早的呼喚：「**柯瑞特，柯瑞特，奎特**」（孩子們來，孩子們來，飛），然後展翼起飛。

這是他們在雪堆中度過的第一個夜晚，對紅領圍已不是什麼新鮮事。第二天晚上，他們再度愉快地鑽進床上，北風也像前一夜一樣把他們塞進雪堆裡。可是天氣正在醞釀新的變化，夜裡的風轉向東方，大雪變成了雨夾雪，最後成了銀色的冰雨。整個寬闊的世界都被籠罩在冰裡，等松雞醒來要準備起床，才發現他們已被封在一大片殘酷的無邊冰塊中。

比較深的雪依舊還很鬆軟，紅領圍一路鑽到頂層，可是在那裡他的力氣卻無法突破堅硬的白色冰塊。他盡全力錘打掙扎，可是毫無進展，只是撞青了他的翅膀和頭頂。他的生命一直都充滿了歡喜愉悅和艱難險阻，經常會經歷突如其來的險境，但這回卻是最嚴酷的考驗。隨著緩慢的時辰過去，他的力氣也愈來愈微弱，可是自由卻一樣遙遠。他也聽到孩子們的奮鬥，不時聽見他們向他求救，拖長聲音可憐地呼喊：「匹—伊—伊—伊—伊—伊—特—伊，匹—伊—伊—伊—伊—伊—特—伊。」

儘管他們藏在這裡，避開了許多敵人，但卻難逃饑餓之苦。等夜幕降臨，這些疲憊的囚犯，因饑餓和白費力氣已筋疲力竭，絕望讓他們靜寂無聲。起先他們還怕狐狸會來，發現他們被困在這裡任他宰割，但隨著第二夜緩慢逝去，他們已不在乎，甚至希望他能來打破這層冰雪硬殼，讓他們至少有為性命一搏的機會。

可是當狐狸真的來到這塊冰封的雪地時，他們對生命的熱愛再度復甦，因此蜷伏不動，保持絕對的靜默，直到他過去。次日刮起強烈的風雪。北風派出了他的雪駒，在白色的大地上奔騰馳騁，抖動搖晃他們白色的鬃毛，一邊向前衝，一邊踢起更多的雪。這些小粒的雪不斷用力地磨擦，似乎把雪殼削薄了，因為下方非但一點也不黑暗，反倒益發明亮。紅領圍整天在內側一直啄一直啄，直到頭昏腦脹，喙也磨鈍了，然而到了太陽下山的時分，他依舊像原本一樣難以逃脫。這個夜晚就像其他夜晚一樣過去，只是沒有狐狸由頭上跑過。到了早上，他重新開始啄冰，只是現在他幾乎已沒有力氣，也不再聽到其他松雞的聲音或掙扎。隨著白晝的光線變強，他可以看出漫長的努力已在他上方的積雪啄出一個亮點，因此他繼續虛弱地敲擊。外面暴風雪的馬匹繼續奔馳了一整天，馬蹄下的冰殼的確也變薄了，到了近晚，他的喙終於突破了出口。這個成果教他精神大振，他繼續不停地敲啄，就在太陽西下之前，他終於啄出一個洞，讓他的頭、頸，和依舊美麗的領圍都能穿過。他寬闊的肩膀太大，但現在他可以往下啄擊，讓他有四倍大的力量；雪殼很快就粉碎，再一下子他就由冰牢中躍出，重獲自由。可是小松雞呢？紅領圍飛往最近的河岸，匆匆採了幾顆紅色薔薇果療饑，接著又回到雪堆牢獄，咯咯叫並用力頓腳。可是只聽到一個回答，微弱的「**匹特，匹特**」，他用尖銳的腳爪抓刮已經變薄的冰層，很快就把它打穿，灰尾虛弱地由洞裡爬出來，但這就是全部了；其他的孩子，四散在他不知在哪裡的積雪各處，他們沒有回答，也沒有生命跡象。他不得不留下他們離開。等春天雪融之時，他們的屍體才出現，只剩皮、骨，和羽毛——其他什麼也沒有。

VII

紅領圍和灰尾花了好長的時間才完全康復，可是充足的食物和休息是治百病的良藥，因此隆冬裡一個明朗的日子又發揮了平常的功效，讓活力充沛的紅領圍跳上圓木鼓翼。是因為這個原因，還是因為他們的雪鞋蹤跡印在無所不在的白雪上，把他們的行蹤透露給柯迪？他帶著狗和槍，一再來到溪谷逡巡，一心一意要獵得松雞。他們從前就認識他，而現在他也很熟悉他們。那隻銅紅色領圍的大松雞在整個溪谷聲名遠播。獵人月中就有許多人想要了結他精采的生命，一如當年心思卑鄙的惡人為求出名，不惜燒毀世界奇蹟以弗索斯古城一樣。可是紅領圍很懂得野外生存之道，他知道該藏在哪裡，何時該悄悄飛起，何時又該伏低，直到敵人經過，再立刻在一碼內大聲振翅，旋即躲到大樹的樹幹後面保護自己，並加速逃逸。

然而柯迪從沒有停止帶槍追蹤那隻紅領圍；他多次急射，但不知怎麼中間總是會有樹木、河岸，或是什麼安全的屏障，讓紅領圍逃過一劫，茁壯健康，繼續鼓翼。

白雪月來了，紅領圍和灰尾遷到法蘭克堡樹林，那裡食物充裕，還有很多高大的老樹。尤其在東邊的斜坡，蔓延的鐵杉林中有株壯觀的松樹，光是樹幹就有六呎寬，它的第一批枝幹在其他樹頂上展開。它的樹頂在夏日時光，是藍樫鳥和其新娘的知名勝地。在這裡，遠超過槍枝射程之外，藍樫鳥會趁著溫暖的春日在伴侶前載歌載舞，展現他明豔的藍色羽毛，唱出婉轉動聽的甜美天籟，那歌聲如此甜蜜溫柔，除了他的對象沒有人聽到，書本對此都一無所知。

紅領圍如今帶著他僅存唯一的孩子住在附近，這株大松樹還有一個特別吸引他的地方，他在乎的不是那高高的樹冠，而是大樹的根底。松樹四周都是低矮的鐵杉，其中卻有越橘和冬青生長，積雪下面還能挖出可口的黑橡實，再沒有比這更好的覓食之地，因

十二月白雪月

為當貪得無饜的獵人來這裡獵捕時，很容易在鐵杉的掩護下奔向大松樹，接著在它龐大的身軀後面呼呼振翅嘲弄槍手，躲在大樹幹後避開致命的槍擊，然後再安全飛離。在合法捕獵的季節裡，這棵松樹至少拯救他們十來次，而現在瞭解他們覓食習慣的柯迪設下一個新的陷阱。他躡手躡腳在河岸下埋伏，而同謀則繞過糖塔丘來趕鳥。他大踏步穿過紅領圍和灰尾在覓食的草叢，早在獵人靠近之前許久，紅領圍就已經發出低聲的警告「嘎——」（危險），並且迅速地朝大松樹走去，以備他們得要飛高。

灰尾在山坡上遠處，突然看到新敵人就在眼前，那隻黃狗直撲而來。遠處的紅領圍因為樹叢的關係看不到他，灰尾大感驚慌，她喊道「**奎特，奎特**」（飛，飛），朝山坡下跑，準備起飛。「**克瑞特，克爾**——」（這裡，躲起來），比較沉著的紅領圍喊道，因

松雞藤

為他現在看到拿著槍的人已走到射程內。他抵達大樹幹，並且躲到後面，正當他停頓片刻，急切地喚灰尾「這裡，這裡」時，卻聽到他前方的河岸下有細微的聲響傳來，有人在埋伏，接著是狗撲上前時灰尾驚恐的叫喊，她飛向空中，掠過庇護的樹幹，避開亮處的槍手，卻落入那躲在河岸下方卑鄙獵人的掌握。

她呼呼振翅飛上天際，一個美麗、尊嚴、有知覺有情感的生靈。

砰，她落了下來——皮開肉綻，血流如注，她呼出最後一口氣，躺在雪地上，成了死屍。

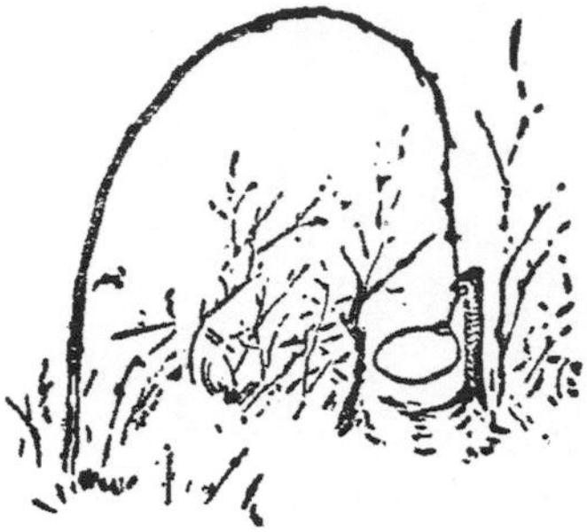

紅領圍身陷險境，他沒有機會安全起飛，因此低伏下來。狗離他已不到十呎，而那朝柯迪走去的陌生人，由五呎之處走過，然而紅領圍一動也不動，直到有機會由大樹幹的後面溜走，離開這兩個人。這時他才起身，飛向泰勒坡旁寂寞的溪谷。

那致命的殘酷獵槍把他的摯愛一個接一個奪走，如今他再次孑然一身。漫長的白雪月過去了，紅領圍多次死裡逃生，如今大家都知道他是同族中唯一的倖存者，無情地追殺他，他每天都變得更為凶悍。

到頭來，拿槍獵殺他似乎是白費工夫，因此在積雪最深、食物最少的時候，柯迪又想出了新的詭計。就在覓食場對面，在風暴月此刻幾乎是唯一的好地方，他布下了一排

陷阱。老友棉尾兔用他的利齒咬穿了其中幾個，然而還有一些留著。當紅領圍在走路時一邊望著遠方的斑點，擔心它可能會是一隻老鷹，一不小心正好踩中其中一個陷阱，立刻被彈到空中，一隻腳吊在那裡。

難道野生動物沒有道德或法律的權利？人類憑什麼對同是生靈的動物做這麼長久而可怕的蹂躪，只因這生物不用他的語言說話？一整天，可憐的紅領圍被愈來愈強烈的無盡痛苦所折磨，他被吊在那裡，使勁拍打他寬大強壯的翅膀，徒然無助地想要自由。整日，整夜，無窮盡的酷刑，直到他萬念俱灰只求一死。但依然沒有人來。清晨破曉了，時間繼續消逝，然而他依舊被懸在那裡，慢慢瀕死；他的力氣成為詛咒。第二個夜晚緩緩降臨，就在那拖拖拉拉的黑暗時刻，一隻體型巨大的大雕鴞，受到瀕死動物微弱的振翅聲所吸引，幫他縮短了痛苦，這個舉動完全可算是義行。

來自北方的風吹下溪谷，雪馬奔馳越過起皺的冰層，越過當谷的平地，越過沼澤，奔向湖泊，白色的飄雪上面卻散布著黑點，那是松雞領圍的羽毛碎片——大名鼎鼎的彩虹領圍。它們那晚乘著冬風飛去，吹向南方，愈來愈遠，越過幽暗和波濤洶湧的大湖，彷

大雕鴞。

彿他瘋狂月的飛行，御風向前再向前，直到它們被吞沒，最後一隻當谷松雞的最後蹤跡。

如今再沒有松雞來到法蘭克堡，那裡的林鳥都懷念松雞鼓翼的春日禮讚，而在泥溪谷的老松圓木，從此再也沒有用過，寂然無聲地腐爛了。

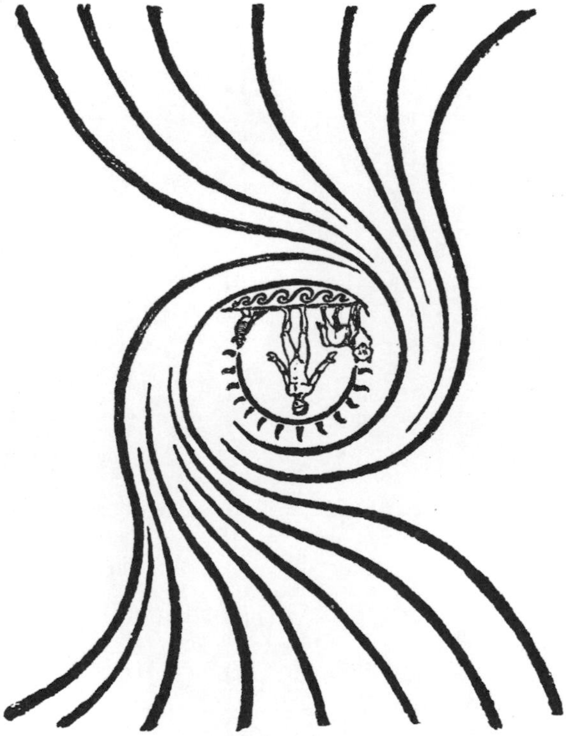

譯後記

莊安祺

我高中時曾讀過一本英書中譯本，非常喜愛：大華烈士譯美國作家達肯頓（Booth Tarkington）的《十七歲》（*Seventeen*），由今日世界出版社出版。

這本書我反覆讀過多遍，每次依舊趣味橫生，不忍釋手。後來多次搬家，書也遺失了。數十年後在國外的圖書館找到，彷彿老友相逢，喜出望外，另外也千方百計，終又重新買到這早已絕版的書，鄭而重之地包上書皮，放在案頭，日日摩挲。書的內容有趣，譯筆更教人佩服，一本書能讓讀者牽掛至此，應可說是最高境界了吧。

林語堂為大華烈士譯本作序，說他「心誠好之」、「為自己而譯書」，這就是他譯書的理由，因為他喜愛，所以樂此不疲，進而有成就。也因為他，讓當年的一個小讀者認識了達肯頓，說不定這也是她一頭栽進英美文學世界的原因之一。

加拿大籍（後入美籍）作家西頓所寫的《西頓動物記》，同樣也可套上「心誠好之」這個理由，他把每個動物角色勾勒得栩栩如生、精采動人，百年來膾炙人口，成為經典，至今在美加依舊是許多祖父母送給孫子女的禮物，希望兒孫能感受到他們當年閱讀本書的樂趣。

因此在翻譯時，我感到誠惶誠恐，希望能忠實地呈現每一個角色，刻劃故事的背景氛圍，讓讀者原汁原味感受作者的文字，體會作者的思想和情感。如果能像我所佩服的翻譯前輩那樣，讓讀者回味再三，就是我夢寐以求的事了。

在此要感謝總編輯瑞琳耐心地催生，和勞苦功高不厭其煩的編輯君佩，讓經典獲得嶄新的生命。

綠書系
住在故事裡10

西頓動物記 *Wild Animals I Have Known*

作者｜**厄尼斯特 · 湯普森 · 西頓**（Ernest Thompson Seton）
譯者｜**莊安祺**
執行長｜**陳蕙慧**
總編輯｜**張惠菁**
責任編輯｜**莊瑞琳、夏君佩、洪仕翰**
封面設計＆內文排版｜**王小美**
社長｜**郭重興**
發行人兼出版總監｜**曾大福**
出版｜**衛城出版／遠足文化事業股份有限公司**
發行｜**遠足文化事業股份有限公司**
地址｜**23141 新北市新店區民權路 108-2 號九樓**
電話｜**02-22181417**
傳真｜**02-86671065**
客服專線｜**0800-221029**
法律顧問｜**華洋法律事務所 蘇文生律師**
製版｜**瑞豐電腦製版印刷股份有限公司**
初版一刷｜**2016 年 10 月**
初版二刷｜**2020 年 9 月**
定價｜**350 元**

國家圖書館出版品預行編目 (CIP) 資料

西頓動物記 / 厄尼斯特・湯普森・西頓
（Ernest Thompson Seton）作；莊安祺譯. -- 初版.
-- 新北市：衛城出版：遠足文化發行 C, 2016.10
面；　公分. --（綠書系；10）
譯自：Wild animals I have known

ISBN 978-986-93518-1-2（平裝）

1. 動物 2. 通俗作品　　380 105015902

填寫本書線上回函

ACRO POLIS 衛城出版
Email acropolis@bookrep.com.tw
Blog www.acropolis.pixnet.net/blog
Facebook www.facebook.com/acropolispublish

● 親愛的讀者你好，非常感謝你購買衛城出版品。
我們非常需要你的意見，請於回函中告訴我們你對此書的意見，
我們會針對你的意見加強改進。

若不方便郵寄回函，歡迎傳真回函給我們。傳真電話 —— 02-2218-1142

或上網搜尋「衛城出版FACEBOOK」
http://www.facebook.com/acropolispublish

● 讀者資料

你的性別是 □ 男性 □ 女性 □ 其他

你的職業是 ____________ 你的最高學歷是 ____________

年齡 □ 20 歲以下 □ 21-30 歲 □ 31-40 歲 □ 41-50 歲 □ 51-60 歲 □ 61 歲以上

若你願意留下 e-mail，我們將優先寄送 ____________ 衛城出版相關活動訊息與優惠活動

● 購書資料

● 請問你是從哪裡得知本書出版訊息？(可複選)
□ 實體書店 □ 網路書店 □ 報紙 □ 電視 □ 網路 □ 廣播 □ 雜誌 □ 朋友介紹
□ 參加講座活動 □ 其他 ________

● 是在哪裡購買的呢？（單選）
□ 實體連鎖書店 □ 網路書店 □ 獨立書店 □ 傳統書店 □ 團購 □ 其他 ________

● 讓你燃起購買慾的主要原因是？(可複選)
□ 對此類主題感興趣 □ 參加講座後，覺得好像不賴
□ 覺得書籍設計好美，看起來好有質感！ □ 價格優惠吸引我
□ 議題好熱，好像很多人都在看，我也想知道裡面在寫什麼 □ 其實我沒有買書啦！這是送（借）的
□ 其他 ________

● 如果你覺得這本書還不錯，那它的優點是？（可複選）
□ 內容主題具參考價值 □ 文筆流暢 □ 書籍整體設計優美 □ 價格實在 □ 其他 ________

● 如果你覺得這本書讓你好失望，請務必告訴我們它的缺點（可複選）
□ 內容與想像中不符 □ 文筆不流暢 □ 印刷品質差 □ 版面設計影響閱讀 □ 價格偏高 □ 其他 ________

● 大都經由哪些管道得到書籍出版訊息？(可複選)
□ 實體書店 □ 網路書店 □ 報紙 □ 電視 □ 網路 □ 廣播 □ 親友介紹 □ 圖書館 □ 其他 ________

● 習慣購書的地方是？(可複選)
□ 實體連鎖書店 □ 網路書店 □ 獨立書店 □ 傳統書店 □ 學校團購 □ 其他 ________

● 如果你發現書中錯字或是內文有任何需要改進之處，請不吝給我們指教，我們將於再版時更正錯誤

請沿虛線剪下

廣　告　回　信
臺灣北區郵政管理局登記證
第 1 4 4 3 7 號

請直接投郵•郵資由本公司支付

23141
新北市新店區民權路108-2 號 9 樓

衛城出版 收

● 請沿虛線對折裝訂後寄回，謝謝！

ACRO POLIS 衛城出版

綠書系
住在故事裡

ACRO
POLIS
衛城
出版

ACRO
POLIS
衛城
出版